"十四五"普通高等教育本科部委级规划教材

产教融合教程

Animate CC动画制作实战

李荣发　王英杰　高　伟◎著

CHANJIAO RONGHE JIAOCHENG
Animate CC DONGHUA ZHIZUO SHIZHAN

"十四五"普通高等教育本科部委级规划教材

中国纺织出版社有限公司

内 容 提 要

本书以Animate CC软件的功能和使用技巧为线索，以动画运动规律为"灵魂"，以案例为呈现形式，采用基础理论结合实例的教学方法，帮助学生系统地掌握二维动画全流程的制作方法。作为产教融合教材，本书把Animate CC软件应用的知识点穿插在商业案例中，系统阐述了动画角色的绘制、上色、动画、元件、MG动画等内容。

本书可作为高等院校动画、游戏、数字媒体等专业的教材，同时适合相关设计类从业人员、动画爱好者阅读参考。

图书在版编目（CIP）数据

产教融合教程：Animate CC 动画制作实战 / 李荣发，王英杰，高伟著. -- 北京：中国纺织出版社有限公司，2024. 12. --（"十四五"普通高等教育本科部委级规划教材）. -- ISBN 978-7-5229-2091-7

Ⅰ. TP391.414

中国国家版本馆 CIP 数据核字第 20240JK718 号

责任编辑：孙成成　李春奕　　责任校对：高　涵
责任印制：王艳丽

中国纺织出版社有限公司出版发行
地址：北京市朝阳区百子湾东里 A407 号楼　邮政编码：100124
销售电话：010—67004422　传真：010—87155801
http://www.c-textilep.com
中国纺织出版社天猫旗舰店
官方微博 http://weibo.com/2119887771
北京通天印刷有限责任公司印刷　各地新华书店经销
2024 年 12 月第 1 版第 1 次印刷
开本：889×1194　1/16　印张：9
字数：192 千字　定价：69.80 元

江西服装学院
产教融合系列教材编写委员会

总 序
GENERAL PREFACE

当前，新时代浪潮席卷而来，产业转型升级与教育强国目标建设均对我国纺织服装行业人才培育提出了更高的要求。一方面，纺织服装行业正以"科技、时尚、绿色"理念为引领，向高质量发展不断迈进，产业发展处在变轨、转型的重要关口。另一方面，教育正在强化科技创新与新质生产力培育，大力推进"产教融合、科教融汇"，加速教育数字化转型。中共中央、国务院印发的《教育强国建设规划纲要（2024—2035年）》明确提出，要"塑造多元办学、产教融合新形态"，以教育链、产业链、创新链的有机衔接，推动人才供给与产业需求实现精准匹配。面对这样的形势任务，我国纺织服装教育只有将行业的前沿技术、工艺标准与实践经验深度融入教育教学，才能培养出适应时代需求和行业发展的高素质人才。

高校教材在人才培养中发挥着基础性支撑作用，加强教材建设既是提升教育质量的内在要求，也是顺应当前产业发展形势、满足国家和社会对人才需求的战略选择。面对当前的产业发展形势以及教育发展要求，纺织服装教材建设需要紧跟产业技术迭代与前沿应用，将理论教学与工程实践、数字化趋势（如人工智能、智能制造等）进行深度融合，确保学生能及时掌握行业最新技术、工艺标准、市场供求等前沿发展动态。

江西服装学院编写的"产教融合教程"系列教材，基于企业设计、生产、管理、营销的实际案例，强调理论与实践的紧密结合，旨在帮助学生掌握扎实的理论基础，积累丰富的实践经验，形成理论联系实际的应用能力。教材所配套的数字教育资源库，包括了音视频、动画、教学课件、素材库和在线学习平台等，形式多样、内容丰富。并且，数字教育资源库通过多媒体、图表、案例等方式呈现，使学习内容更加直观、生动，有助于改进课程教学模式和学习方式，满足学生多样化的学习需求，提升教师的教学效果和学生的学习效率。

希望本系列教材能成为院校师生与行业、企业之间的桥梁，让更多青年学子在丰富的实践场景中锤炼好技能，并以创新、开放的思维和想象力描绘出自己的职业蓝图。未来，我国纺织服装行业教育需要以产教融合之力，培育更多的优质人才，继续为行业高质量发展谱写新的篇章！

纪晓峰

中国纺织服装教育学会会长

2024 年 12 月

前 言
P R E F A C E

在新时代新理念的引领下，中国动画正在不断创新与超越，而动画人才的培养也需要加快脚步，跟上时代的步伐。动画人才的培养最重要的就是培养与市场接轨的高水平应用型人才，因此，撰写产教融合教材是我们在多年教学实践中萌发的构想。经过团队成员的共同努力，依托动画教学与产教融合项目中积累的经验，团队系统地分析整理了相关资料，撰写了这本适合广大应用型本科院校的理实一体的产教融合教材。

本书通过理论讲授与实践步骤解析，全面地向学生介绍从事动画相关工作必须了解的动画基本技能，以理实一体、产教融合训练为导向，力求章节内容明晰、训练目的明确、重点难点突出、作业要求清楚，符合动画专业应用型人才培养的理实一体教学需要。

本书选用公司已经成功推向市场的商业案例进行剖析整理，将基础理论和商业案例加以穿插联系，避免为了讲解而讲解的弊端，转变成因项目而讲解、学完理论就能实践的新方式。在案例的选用上，团队再三斟酌、讨论，力争选用难易适中、符合培养方案要求的企业动画案例，并针对教学中学生常遇到的难点着重讲解。同时，通过多年教学经验发现，许多学生在学习 Animate CC 软件时，缺乏思考，不能举一反三，老师教案例 A，就只会做案例 A，换成同类型的案例 B，可能就不会做。因此，本书对一个知识点通常会列举几个案例，而且每个章节都留有课后练习，在练习的过程中可以查阅 Adobe 官方帮助文件，既锻炼了学生解决问题的能力，又能提高其制作水平。

动画制作是一种专业性比较强的技术，有时单看文字表述不够直观，因此部分案例配有视频教程，读者可以使用移动设备扫码观看学习，以提高学习效率、降低学习难度。

动画制作是一项系统性的工程，步骤较为繁琐，完成一部动画需要从剧本、分镜头开始，还需要制作者具备良好的动画运动规律基础，这就需要读者在学习 Animate CC 软件时加强专业知识的积累，深入学习动画分镜头设计、动画视听语言、动画运动规律等内容。

本书的编写得到了江西服装学院教材建设基金的支持，得到了时尚传媒学院师生的大力支持和帮助，在此表示感谢。

本书的撰写，作者倾心竭力，但由于水平所限，书中难免存在疏漏之处，恳请读者批评、指正！

著者

2023 年 7 月

教学内容及课时安排

章 / 课时	课程性质 / 课时	节	课程内容
第一章 （4 课时）	基础理论与研究 （4 课时）	·	**初识 Animate CC**
		一	Animate CC 的文档操作
		二	工作区
		三	图层
第二章 （8 课时）	理论与实践 （30 课时）	·	**角色绘制与编辑**
		一	绘图工具应用
		二	图形工具应用
		三	图形常用编辑方法
		四	实训案例：角色绘制
		五	实训案例：角色上色
第三章 （6 课时）		·	**逐帧动画**
		一	时间轴
		二	帧
		三	实训案例：角色举手逐帧动画
第四章 （4 课时）		·	**元件与库的应用**
		一	元件
		二	库
		三	元件的属性面板
第五章 （4 课时）		·	**补间的原理与应用**
		一	传统补间
		二	补间动画
		三	补间形状
第六章 （4 课时）		·	**路径引导动画与遮罩动画**
		一	路径引导动画
		二	遮罩动画
		三	实训案例：眨眼动画
第七章 （4 课时）		·	**骨骼动画**
		一	骨骼动画概述
		二	实训案例：角色骨骼动画
第八章 （8 课时）	专项训练与实践 （14 课时）	·	**角色动画**
		一	实训案例：人物角色侧面行走动画
		二	实训案例：人物角色侧面跑步动画
第九章 （6 课时）		·	**MG 动画**
		一	MG 动画概述
		二	实训案例：MG 入场动画制作

注 各院校可根据自身的教学特点和教学计划对课程时数进行调整。

目 录
CONTENTS

第一章
初识 Animate CC

基础理论与研究——初识 Animate CC

教学内容：

1. Animate CC 的文档操作。

2. 工作区。

3. 图层。

建议课时： 4课时。

教学目的： 让学生认识 Animate CC 软件的界面，文档和图层的基本操作方法；锻炼学生的观察能力与沟通能力。

教学方式： 讲授法、直观演示法。

学习目标：

1. 了解软件启动、文档保存、文档预览的方法。

2. 熟悉菜单栏中常用的命令。

3. 了解软件各个面板的分工及在工作中的作用。

4. 掌握图层的新建、删除、隐藏等基本操作方法。

第一节   Animate CC的文档操作

一 \ 新建文档

在Animate CC中制作动画，首先要新建一个文档，新建Animate CC文档有以下三种方法。

方法一：点击菜单"文件＞新建"或按Ctrl+N键，在弹出的"新建文档"窗口中，根据项目需要可以选择"角色动画""社交""游戏""教育""广告""Web""高级"。如果想制作二维动画，就选择"角色动画"，如果想制作游戏，就选择"游戏"。选择后，软件会根据不同的选择，提供不同的预设，点击相应的预设。点击"创建"，即可创建文档，如图1-1-1所示。

方法二：在启动的默认主页上，点击"新建"，在弹出的"新建文档"窗口中，根据项目需要可以选择"角色动画"，点击相应的预设，点击"创建"，即可创建文档，如图1-1-2所示。

方法三：点击菜单"文件＞从模板新建"或按Ctrl+Shift+N键，在弹出的窗口中，选择相应的模板文档（如制作动画，可以选择"动画"），再点击"确定"按钮，即可新建一个基于模板的Animate CC文档，如图1-1-3所示。

图1-1-1   图1-1-2   图1-1-3

二 \ 保存文档

对新建的文档编辑操作后，应将其保存起来，便于以后修改与使用。保存时选择"文件＞保存"命令或按Ctrl+S键即可，如图1-1-4所示。如果用户之前并未保存过此文档，那么将打开"另存为"对话框，如图1-1-5所示，选择保存的位置，为文档命名并选择保存类型后，单击"保存"按钮即可。

如果想保存多个步骤，不想覆盖前面制作的效果，可以选择"文件＞另存为"命令或按Ctrl+Shift+S键，在弹出的窗口中，修改文件名称，使文件名与先前保存的名字不同，点击"保存"。这样保存的优点是有多个fla文件，如果需要修改文件，可以随时打开前面制作的文件，返回相应的步骤，修改起来更加方便。

图 1-1-4　　　　　　　　　　　　　　　图 1-1-5

三　打开文档

如果要编辑或查看一个已有的 Animate CC 文档，只需要打开此 Animate CC 文档即可。先在 Animate CC 的工作界面中选择"文件＞打开"命令或按 Ctrl+O 键，在弹出的对话框中选择文件所在的位置，直接在列表中选中要打开的文件图标，最后单击"打开"按钮即可。

四　设置文档属性

在 Animate CC 中，点击菜单"窗口＞属性"或按 Ctrl+F3 键，如图 1-1-6 所示，或点击软件中的"属性"图标，在弹出的"属性"面板中，可以设置修改文档的尺寸、舞台颜色、帧速率（FPS）等属性，如图 1-1-7 所示。

单击"属性"面板中的 舞台 图标，将弹出颜色列表框，在其中单击某个颜色图标即可为舞台设置相应的背景颜色。而在 FPS 30 文本框中可以设置动画的帧速率，帧速率数值越大，可绘制的画面越多，播放出来的画面越流畅；帧速率数值越小，可绘制的画面越少，播放出来的画面越卡顿，默认的帧速率为 30FPS。单击这里的 数字，可以修改舞台的尺寸。

当用户选择不同的工具或对象时，"属性"面板也会随之发生变化。如选

图 1-1-6

图 1-1-7

择椭圆工具时的"属性"面板，在其中可以看到椭圆工具的相关属性。

五 预览影片

动画制作的过程中，经常要预览影片，检查动画效果的优缺点，以便进行修改。预览影片的方法：点击菜单"控制＞测试"或按 Ctrl+Enter 键，如图 1-1-8 所示，在弹出的窗口中即可看到播放的动画，如图 1-1-9 所示。

图 1-1-8   图 1-1-9

第二节　工作区

点击菜单"文件＞新建"或按 Ctrl+N 键，在弹出的"新建文档"窗口中，选择"角色动画"，在预设里，点击"高清 1280×720"，点击"创建"，即可创建文档。启动后，可以看到工作界面由菜单栏、工具栏、时间轴、舞台和属性等组成。值得注意的是，在 2023 版本里，"属性"的面板默认是折叠隐藏起来的，需要点击右边的"属性"图标才会显示出来，如图 1-2-1 所示。

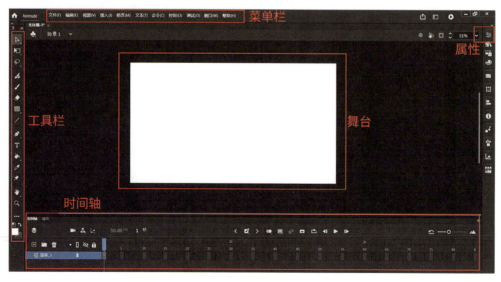

图 1-2-1

一 菜单栏

Animate CC菜单栏由11个菜单组成，它位于工作界面的顶部。选择相应的菜单选项后，在弹出的列表里可以点击选择相应的子菜单，如图1-2-2所示。

文件(F)　编辑(E)　视图(V)　插入(I)　修改(M)　文本(T)　命令(C)　控制(O)　调试(D)　窗口(W)　帮助(H)

图1-2-2

"文件"菜单主要用于对文件进行各种操作，包括文件的打开、关闭、保存、导入和导出、发布等常用操作。

"编辑"菜单主要用于对文档和图形对象进行各种编辑操作，包括复制、粘贴到中心位置、粘贴到当前位置、撤销、查找和替换对象、时间轴（对帧的操作）和首选参数、快捷键设置等。

"视图"菜单主要用于以各种方式查看Animate CC动画中的内容，包括放大、缩小、标尺、网格、辅助线、贴紧等。

"插入"菜单主要包括新建元件、创建传统补间、创建补间动画、创建补间形状等命令，还可以插入图层、帧、关键帧、空白关键帧等。

"修改"菜单主要用于对各种对象进行修改编辑，包括修改文档的属性、元件、形状、位图、变形、排列、对齐、组合与取消组合等。

"文本"菜单主要用于编辑文本，主要是对文字的字体、大小和样式进行设置。

"命令"菜单通常与"历史记录"面板结合使用，可通过各选项对该命令进行各种操作。

"控制"菜单主要用于测试动画影片和控制影片播放进程。

"调试"菜单主要用于对ActionScript脚本进行调试等操作。

"窗口"菜单用于显示和隐藏各种面板、工具栏、窗口并管理面板布局。子菜单前面有一个黑色的小勾，如果要隐藏面板，只需再次选择该命令，取消黑色小勾。

"帮助"菜单提供了在线帮助信息、在线教程和在线帮助支持。

二 标尺与辅助线

Animate CC与大部分设计软件一样，也提供了标尺与辅助线功能。使用标尺和辅助线，可以快速精确定位图形位置、对齐，为动画设计、排列提供便利，提高工作效率。

点击菜单"视图>标尺"或按Ctrl+Alt+Shift+R键，如图1-2-3所示，勾选标尺，舞台边缘就出现了标尺，如图1-2-4所示，可以在标尺上用鼠标拖出辅助线，如图1-2-5所示。

在舞台中点击右键，在右键菜单中可以快捷打开标尺和显示与隐藏辅助线功能，如图1-2-6、图1-2-7所示。

辅助线的删除可以通过手动拖曳辅助线到标尺处来实现，如图1-2-8所示。然而，这种方法一次只能清除一条辅助线，如果有多条要清除，则可以点击菜单"视图＞辅助线＞清除辅助线"，或在舞台里单击鼠标右键，在弹出的快捷菜单中选择"清除辅助线"功能，可一次性清除所有辅助线，如图1-2-9、图1-2-10所示。

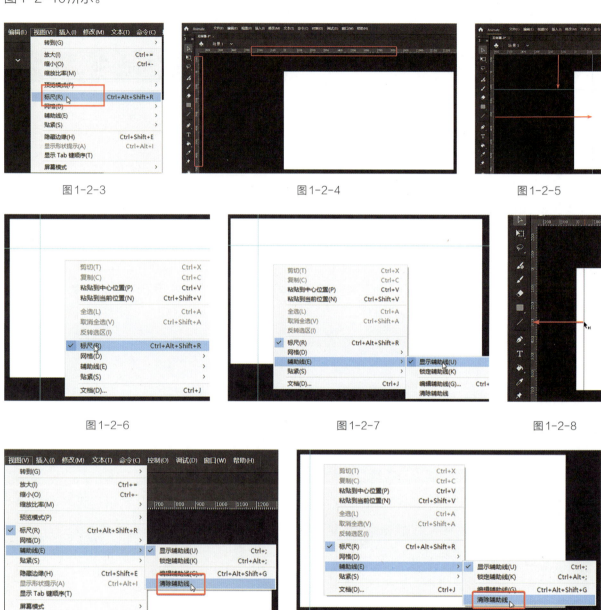

图1-2-3　　　　　　　　　　图1-2-4　　　　　　　　　　图1-2-5

图1-2-6　　　　　　　　　　图1-2-7　　　　　　　　　　图1-2-8

图1-2-9　　　　　　　　　　　　　　图1-2-10

若不需要删除辅助线、只要隐藏，则在菜单"视图＞辅助线＞显示辅助线"或场景右键菜单里的"辅助线"菜单项下将"显示辅助线"勾选去掉即可。另外，按快捷键Ctrl+，可快速显示或隐藏辅助线。

三 ＼ 工具栏与时间轴

Animate CC工具栏（图1-2-11）的工具使用频率非常高，在进行绘制图形、编辑图形、上色、变形等操作时都离不开工具。2023版本之后，工具栏会把一部分工具折叠起来放在 ··· 里，点击 ···，在弹出的面板中就能看到所有工具。如果要使用被折叠起来的工具，也可以用鼠标左键长按这个工具，拖到工具栏中。

图 1-2-11

Animate CC 的"时间轴"面板主要用于控制一定时间内图层与帧中的文件内容。Animate CC 可以将动画分为多个帧，图层就像是叠在一起的多张图片，每一帧都包含一个不同的图层并显示在舞台中，如图 1-2-12 所示。

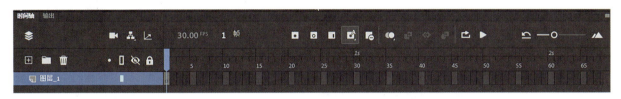

图 1-2-12

四 \ 属性面板

"属性"面板是 Animate CC 中功能最为丰富的面板，是一种动态面板，随着用户在舞台中选取对象的不同或在工具箱面板中选用工具的不同，会自动发生变换，以显示不同对象或工具的属性。

用户新建文档后，在"属性"面板中将显示 Animate CC 文档的属性，如长度、宽度、舞台中的背景颜色等，如图 1-2-13 所示。选中工具箱的任意工具后，"属性"面板内的参数会随之变化，图 1-2-14 为传统画笔工具的属性，图 1-2-15 为线条工具的属性，图 1-2-16 为颜料桶工具的属性。

图 1-2-13   图 1-2-14   图 1-2-15   图 1-2-16

五 \ 库面板

库面板是 Animate CC 中所有可以重复使用的元素的储存仓库，各种元件都放在库面板中，在使用时从该面板中调用即可。库面板显示方法：点击菜单"窗口＞库"或按Ctrl+L键，如图1-2-17所示。

点击■按钮，创建新元件。

点击■按钮，创建新的文件夹。

选中不同的元件时，点击■按钮，可修改选中元件的属性。

选中元件时，点击■按钮，即可删除元件。

在元件上单击鼠标右键，可以进行剪切、复制、粘贴、重命名等操作，如图1-2-18所示。

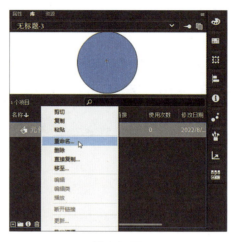

图1-2-17　　　　　　　　　　　图1-2-18

第三节　图层

一　图层概述

最早使用图层概念的软件是Photoshop，后来其他软件也引用了这一概念。很多初学者不明白图层的含义和作用。那究竟什么是"图层"呢？通俗地讲，图层就像是张透明的塑料胶片，透明的胶片上含有文字、图形、卡通角色、卡通元素、背景等元素，一张胶片上只画一部分元素，把这一张张胶片按顺序叠放在一起，组合起来就形成了一幅漂亮的画面。

在这种透明图层上绘画有什么好处呢？一是修改非常方便，在一张透明的胶片上作画，透过上面的透明的胶片可以看见下面胶片的内容，但是无论在上一层上如何涂画，都不会影响下面的图形，如果画错了，直接修改、删除上面一层胶片即可；二是方便制作动画，在Animate CC里，可以把角色绘制在上层胶片上，把场景画在下层胶片上，上层绘画、修改、删除不会影响下层的背景，还可以移动上层的人物，下层背景不动，做成逐帧动画，就可以看到人物各种姿势的自由运动；三是节省时间成本和经济成本，制作动画时可以把角色分多个层，如果只是嘴巴动画，人物身体单独做一个图层，嘴巴单独做两个图层，这样身体只需画一遍；四是可以产生更加逼真的虚实关系，比如在制作背景时，背景的远景、中景、近景可以分多个图层，远处的景物可以模糊一些，近处可以清晰一些，在动画上，远处可以慢一些，近处可以快一些，这样的动画，画面效果更佳，视觉效果也更好。

　　以上就是对Animate CC中的"图层"概念的简单解释。正因为图层功能如此强大，所以要理解图层概念。

　　Animate CC中的图层与时间轴是同一个位置。Animate CC的时间轴上有图层，图层上有帧，而图形、声音、动画都是存放在图层的帧上，一定程度上受图层与帧控制。另外，时间轴上包含新建图层、删除图层、图层的显示与隐藏、新建摄影机、播放、绘图纸外观等功能，Animate CC图层在原理上和Photoshop一样，但在功能上又有所不同。

二　图层的基本操作

　　新建图层：在时间轴面板上，鼠标单击"新建图层"按钮，即新建一个图层，如图1-3-1所示。或点击菜单"插入＞时间轴＞图层"，也可以新建图层。

　　删除图层：在时间轴面板上，鼠标单击"删除"按钮，即可把选中的图层删除，如图1-3-2所示。或在想要删除的图层上，点击鼠标右键，在弹出的标签栏中选择"删除图层"。

　　调整图层上下位置：当有两个或两个以上的图层时，在其中一个图层上按住鼠标左键不放，将图层向上或向下拖曳，两个图层中间出现一条黑线，如图1-3-3所示，直到将图层拖到适当的位置，再放开鼠标，这样就调整好了图层的位置。

　　图层重命名：为了便于分辨每个图层是什么内容，我们经常需要对图层重命名，最简单的重命名方法是双击图层的名字，出现图1-3-4中可以输入的状态时，即可重命名。

图1-3-1　　　　　　　　图1-3-2　　　　　　　　图1-3-3　　　　　　　　图1-3-4

　　将图层显示为轮廓：鼠标单击"将所有图层显示为轮廓"按钮，即把所有图层变成线框模式，这样的好处是能够看到上下图层元素的位置、结构、轮廓关系，如图1-3-5所示。用鼠标在任意一个图层上单击此按钮，如图1-3-6所示，即可以只将本图层变成线框模式。再次点击此按钮，即可恢复正常。

　　显示或隐藏图层：点击"显示或隐藏图层"图标，即可以只将本图层隐藏，如图1-3-7所示；点击上方的"显示或隐藏所有图层"按钮，可以隐藏所有图层，但这种使用场景较少。

　　锁定或解除锁定图层：点击"锁定或解除锁定图层"图标，此时图层就有一把"锁"的图标，如图1-3-8所示，该图层上的图形、角色等元素就锁定了，用鼠标在舞台中就无法拖动本图层的元素，这样做的目的是防止误操作。在此处上方还有一个"锁"，这个图标是"锁定或解除锁定所有图层"，点击它可以锁定所有图层，再次点击可以解锁。

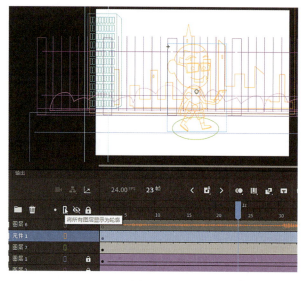

图 1-3-5　　　　　　　　　　　　　　　　　图 1-3-6

图 1-3-7

图 1-3-8

本章小结

　　本章初步认识 Animate CC 软件，包括舞台、菜单、工具面板、时间轴和库等组成部分，了解其分布位置、基础功能。日常工作大多是在工具面板里选择工具，在时间轴的相应帧上，在舞台中绘制图形、制作动画；制作动画过程中有时会用到菜单中的命令；可以将绘制的图形存储在库中，也可以将库中的图形拖到舞台中使用，这也是动画制作的软件操作流程。

　　在日常工作中，也离不开"图层"的概念，本章介绍了图层的基本操作，这是最基础的知识，它与 Photoshop 软件中图层的概念是相同的，但在操作上略有不同，初学者需多加理解图层的意义。

课后作业

熟练掌握下列常用快捷键：

　　新建文档 Ctrl+N；保存文档 Ctrl+S；打开文档 Ctrl+O；测试（预览动画）Ctrl+Enter；显示与隐藏"库"面板 Ctrl+L。

第二章
角色绘制与编辑

理论与实践——角色绘制与编辑

教学内容：

1. 绘图工具应用。

2. 图形工具应用。

3. 图形常用编辑方法。

4. 实训案例：角色绘制。

5. 实训案例：角色上色。

建议课时： 8课时。

教学目的： 使学生能够熟练地使用工具，具有使用工具绘制动画角色并上色的能力，在学习

过程中提高沟通与交流能力。

教学方式： 讲授法、直观演示法。

学习目标：

1. 熟练地使用线条工具调整曲线的方法绘制角色。

2. 熟悉使用钢笔工具绘制角色，并结合相关工具调整曲线。

3. 掌握图形常用编辑方法。

4. 掌握图形填充的操作方法。

第一节　绘图工具应用

扫码见视频教程

一　线条工具

Animate CC中"线条工具"可以绘制任意长度和角度的直线、曲线、弧度线条等。选择"线条工具"，在舞台上单击鼠标左键不放并拖动鼠标到需要的位置，绘制出一条直线。在线条工具"属性"面板中设置不同的笔触颜色、笔触大小、笔触样式和笔触宽度，如图2-1-1所示。

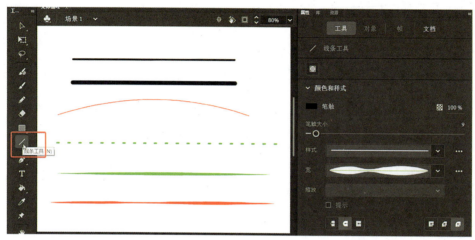

调整线条属性后的线条　　　　　　　直线工具"属性"面板

图2-1-1

1. 线条工具"属性"面板中各选项的功能

笔触颜色：用于设置绘制线条的颜色。

笔触Alpha：用于设置线条的透明度。

笔触大小：用于设置线条的粗细。

样式：用于设置线条的样式，如实线、虚线、点状线等。

宽：在下拉列表中选择不同宽度的线条配置文件。

缩放：可以按方向缩放笔触。

提示：勾选此复选框时，可以将笔触锚点保持为全像素，防止出现模糊线。

端点：用于设置线条终点的样式。包括"无""圆角"和"方形"三种类型。

接合：用于定义两条路径接触点的接合的方式。包括"尖角""圆角"和"斜角"三种方式。

尖角：用于控制尖角接合的清晰度。

2. 线条工具的曲线调整方法

（1）曲线点的数量。在绘制图形时，很多初学者对"尽量绘制细致"这点要求理解不准确。例如，有时用一条曲线即可实现的，有的初学者用两条甚至多条曲线，这样做会适得其反，因为曲线越多，所绘制的圆弧部分越不平滑。但是在某些环境下，曲线太少，绘制的圆弧部分又会不细致，因此，我们要将曲线上点的数量控制在合适的范围内。

曲线点数量的主要依据是判断曲线有几处圆弧部分。例如图2-1-4的曲线虽然看上去是连续的，但是它有多处圆弧部分，故需要绘制多条直线才能变换获得。

（2）辨识曲线的弧度。Animate CC中所绘制的曲线存在特殊性，一条曲线能够达到的弧度通常有一定限制，需要读者有所了解，以便绘图时得心应手。

图2-1-2~图2-1-4三条曲线均有圆弧部分，图2-1-2中的曲线是使用一条直线变换获得，图2-1-3中的曲线是使用两条直线变换获得，图2-1-2与图2-1-3所得到的曲线效果很一般。若改用图2-1-4的方案，使用四条直线变换得到曲线，便能达到令人满意的弯曲效果。

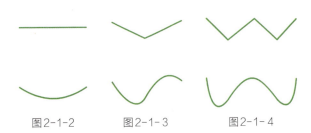

图2-1-2　　　　图2-1-3　　　　图2-1-4

二　铅笔工具与画笔工具

1. 铅笔工具

在Animate CC的绘画中，很多动画师喜欢使用线条工具，因为它方便调整。而铅笔工具也受到一批使用绘图板的动画师的喜爱，它能高效、快速地绘制曲线和不规则线条，铅笔线条轻快、生动。铅笔工具主要用于绘制线稿，它是通过笔触颜色来修改颜色的，也可以通过墨水瓶工具来修改颜色。一般情况下，铅笔工具需要配合绘图板使用，才能画出漂亮的线条。

选择"铅笔工具"，有三个属性选项，分别是伸直、平滑、墨水，如图2-1-5所示。

（1）伸直：选择该属性后，画出来的矢量线条自动向规整的形态修正，如直线、方形、圆形和三角形等，图2-1-6所示的圆，便是用此属性绘制的。

（2）平滑：选择该属性后，画出来的矢量线条将自动平滑修正，还可以在此工具的属性面板中调整平滑值，使线条修正符合自己实际的需要，如图2-1-7所示的圆，会适当修正。

（3）墨水：选择该属性后，绘制出来的线条接近原始的效果，不加修正，保留更多的原始的坑洼、抖动效果，如图2-1-8所示的圆，会保持原有细节。

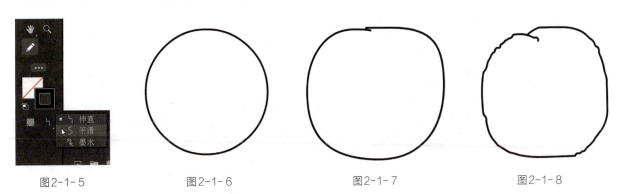

图2-1-5　　　　　　　图2-1-6　　　　　　　图2-1-7　　　　　　　图2-1-8

2．画笔工具

画笔工具和铅笔工具属于同一类型，均用于画边框线，可以使用笔触颜色、墨水瓶工具修改线条的颜色。画笔在勾线方面和铅笔相比更加平滑、好用，如果需要流畅的线条，画笔工具可以派上用场。画笔工具是从 Animate CC 2017 版本开始新加的工具，它和传统画笔工具最大的不同之处在于，画笔工具是画边框的线条（笔触颜色），而传统画笔工具是填色的线条（填充颜色），两者是完全不同的。

三　传统画笔工具

在 Animate CC 里的绘画工具中，还有一个常用的工具是"传统画笔工具"。传统画笔工具画出的线条、色块的属性是填充颜色，修改它的颜色就是修改填充颜色，可以通过"颜料桶工具"来修改，这一点是和铅笔工具最大的区别。如果需要对填充色进行整体、局部修改，使用传统画笔工具是较为合适的，当然，也可以用它直接绘画作品。传统画笔工具如果搭配绘图板来使用，这样在绘画时将更加得心应手。

1．画出有压力的线条

选择"传统画笔工具"，可以在画笔工具的"属性面板"中设置不同的填充颜色和笔触平滑度，并在舞台中绘制线条或上色，使用绘图板可以画出有压力的线条，如图 2-1-9 所示。

2．画笔填充

可以使用画笔填充工具画出部分、全部的填充色，有五种绘画模式，如图 2-1-10 所示。

（1）标准绘画：选择此模式，画笔绘画过的地方都会被填充，无论是边框还是填充色。

（2）仅绘制填充：选择此模式，画笔绘画只会对填充过的地方或空白的地方填充颜色，不会影响边框。

（3）后面绘画：选择此模式，画笔只会在已填充色的后面绘画，不会影响前面的填充色与边框。

（4）颜料选择：选择此模式，直接在舞台里绘画是没有效果的，需要选中填充色再绘画，没被选择的填充色则不受影响。

（5）内部绘画：选择此模式，当起笔在填充对象内部时，画笔则填充内部的填充色；当起笔在填充对象外部时，则在外部的空白区域填充。

图2-1-9

图2-1-10

四＼钢笔工具

1．钢笔工具的使用方法

选择"钢笔工具"，将鼠标放置在舞台上想要绘制曲线的起始位置，按住鼠标，此时出现第一个锚点。将鼠标放置在想要绘制的第二个锚点的位置，单击鼠标，绘制出一条直线段。如果在第二个锚点的位置按住鼠标不放并向其他方向拖曳，可将直线转换为曲线，松开鼠标，一条曲线绘制完成，如图2-1-11所示。

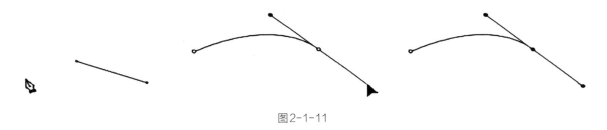

图2-1-11

下面介绍钢笔工具的详细使用方法。

（1）画直线：使用钢笔工具在舞台单击一次就会产生一个锚点，并且和前一个锚点直线连接，在绘画的同时，如果按住Shift键，则将线段约束为45°的倍数。

（2）画曲线：钢笔工具中最强的功能就是绘制曲线。添加新的线段时，在某一位置按下鼠标左键不放并拖曳鼠标，则新的锚点与前一个锚点用曲线相连，并且显示控制曲线的切线控制点。

（3）添加锚点：需要绘制更复杂的曲线时，可以在曲线上添加一些锚点。选择"添加锚点工具"，然后将光标移至需要添加锚点的位置，当光标右上方出现一个加号标志时，单击即可添加一个锚点。

（4）删除锚点：删除锚点与添加锚点正好相反。选择"删除锚点工具"，将光标移至需要删除的锚点上，当光标的下面出现一个减号标志时，单击即可删除锚点。

（5）转换锚点：使用转换锚点工具，可以转换曲线上的锚点类型。当光标变为 形状时，移至直线的锚点上拖曳，该锚点两边的直线转换为曲线；在曲线上单击，即可转换为直线，如图2-1-12所示。

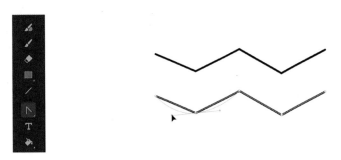

图2-1-12

2．案例：用钢笔工具绘制心形图案

本案例介绍用钢笔工具绘制心形图案，了解用钢笔工具绘制直线、曲线的方法，以及添加锚点、删除锚点、转换锚点的方法，图2-1-13是最终效果。

扫码见视频教程

图2-1-13

步骤1 选择"钢笔工具"（图2-1-14），在舞台上单击出现一个点，然后再单击第二个点、第三个点，此时三点之间形成两条直线，如图2-1-15所示。

图2-1-14　　　　　　　　　　　　　图2-1-15

步骤2 点第四个点时，鼠标不放，拖曳出一个贝塞尔手柄，拉出弧度，如图2-1-16所示；将鼠标移到第一个点，当鼠标的钢笔图标出现一个小圆圈时（图2-1-17），表示首尾相接，单击鼠标，闭合曲线，如图2-1-18所示。

图2-1-16　　　　　　　　图2-1-17　　　　　　　　图2-1-18

步骤3 选择"转换锚点工具"（图2-1-19），将鼠标移至点上，鼠标图标变成了如图2-1-20所示的图标，单击鼠标左键不放，拖曳出一个贝塞尔手柄，拉出弧度，变成曲线，如图2-1-21所示。

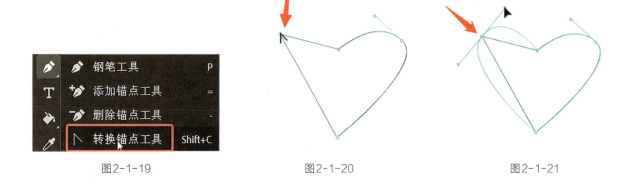

图2-1-19　　　　　　　　图2-1-20　　　　　　　　图2-1-21

步骤4　在钢笔工具选中时，按住Ctrl键不放或选择"部分选取工具"，拖曳心形左边的点和下面的点，如图2-1-22所示，适当调整点的位置，使图形均衡，最终效果如图2-1-23所示，保存文件"用钢笔工具绘制心形图案完成.fla"。

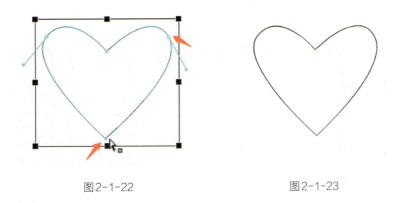

图2-1-22　　　　　　　　　　　　　图2-1-23

五　实训案例：用线条工具绘制卡通角色

本案例介绍用线条工具绘制卡通角色，了解线条工具在角色绘制中的具体用法，最终效果如图2-1-24所示。

扫码见视频教程

图2-1-24

步骤1　打开素材"用线条工具画狮子素材.fla"源文件，如图2-1-25所示。

步骤2　单击"新建图层"图标，新建一个图层，得到"图层_2"，如图2-1-26所示。

图2-1-25　　　　　　　　　　　　图2-1-26

步骤 3 选中新建的图层，单击菜单栏中的"修改＞组合"（图2-1-27），此时，在舞台上方出现"场景1组"图标，同时舞台画面的明度降低，如图2-1-28所示。在空图层上建一个新的组合再绘制，其优点是可降低其他素材的明度，能够更清楚地绘制线条。

步骤 4 选择工具栏中的"直线工具"，设置笔触颜色为"黑色"，如图2-1-29所示。在属性面板中，设置笔触大小为"1"，线条样式为"实线"，如图2-1-30所示。

图2-1-27   图2-1-28   图2-1-29   图2-1-30

步骤 5 选中上面图层，在舞台里画出直线，如图2-1-31所示。

步骤 6 保持"线条工具"被选中，按住Ctrl键不松手，当鼠标出现弧形的状态时（图2-1-32），拉动线条，线条由直线变成曲线。选中"选择工具"时，也可以直接把直线拉成曲线。

图2-1-31   图2-1-32

步骤 7 用同样的方法，使用"线条工具"画出其他的部位，如图2-1-33～图2-1-35所示。有时，要调整线条的端点、转折点，在选择"线条工具"的情况下，可以同时按下Ctrl+Alt并移动线条端点、转折点的位置（也可以在"选择工具"被选择的情况下，按住Ctrl键，移动线条端点、转折点的位置）。

图2-1-33   图2-1-34   图2-1-35

步骤8 使用"选择工具",点中多余的线头,按键盘上Delete键删除线头。

步骤9 绘制完成后,单击"场景1",如图2-1-36所示,退出组的编辑状态,由"组"回到"场景1"。完成最终效果如图2-1-37所示,保存文件为"用线条工具画狮子完成.fla"。

图2-1-36   图2-1-37

第二节　图形工具应用

上节学习了基本的线条、钢笔、画笔等绘图工具,有了这些工具的支持,可以画出任何图形。然而,一些很规则的图形画起来比较困难,如正圆、方形、椭圆形,如果使用线条工具是可以画出来的,但时间成本较高。Animate CC为我们提供了规则的绘图工具,这里我们称为"图形工具"。常用的图形工具包括矩形工具、椭圆工具、多角星形工具等,下面对这几种工具的应用进行详细的介绍。

一　矩形工具与基本矩形工具

1. 矩形工具

矩形工具主要用于绘制长方形和正方形。选择矩形工具▢,在舞台中单击鼠标左键并拖曳至合适的位置释放鼠标,即可绘制矩形。在绘制矩形时,若同时按住键盘的Shift键不放,可以绘制正方形。

选择矩形工具,在"属性"面板中可以设置矩形的相关属性,如填充颜色、笔触颜色(边框颜色)、样式大小、是否需要边框、笔触的样式、边框的大小等。在"矩形选项"选项区域中,可以设置矩形四个角的圆弧度,既可以绘制出圆角矩形,也可以设置单个角的圆弧,如图2-2-1所示。

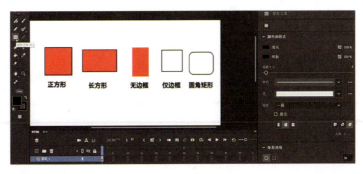

图2-2-1

2．基本矩形工具

基本矩形工具与矩形工具相比，用法与作用基本相同，只是基本矩形工具绘制出的矩形更容易修改，基本矩形工具是个独立的整体，点击即可选中全部，可以即时修改颜色、边框、四个角的圆弧度。而上面的矩形工具，需要框选住所有才可以修改颜色边框等，但是无法修改四个角的圆弧度。从使用方便程度上讲，基本矩形工具比矩形工具要方便很多，但是，有时软件对基本矩形工具所画的图形支持不好，需要对其使用"分离"命令，变成矩形来使用。

基本矩形工具的使用方法是选择"基本矩形工具"，在舞台上单击鼠标左键并拖曳，即可绘制出基本矩形图形。

二、椭圆工具与基本椭圆工具

1．椭圆工具

椭圆工具 ◕ 主要用于绘制正圆、椭圆、扇形、同心圆等，如图2-2-2所示。

选择工具面板中的"椭圆工具"，在舞台中按住鼠标左键并拖曳，当椭圆达到所需大小时释放鼠标，即可绘制椭圆图形。在绘制椭圆时，同时按住Shift键，即可得到正圆图形。

选择椭圆工具，在"属性"面板中可以设置椭圆的相关属性，比如，填充颜色、笔触颜色（边框颜色）、笔触样式（不同样式的线条）、笔触大小（边框大小）等。在"椭圆选项"选项区域中可以设置椭圆的开始角度、结束角度和内径值，修改这些参数即可以修改扇形的角度、同心圆的大小等。"椭圆选项"中各选项的含义如下所示。

（1）开始角度：用于设置绘制扇形及其他特定图形开始的开口角度。

（2）结束角度：用于设置绘制扇形及其他特定图形结尾的开口角度。

（3）内径：该参数值的范围为0～99。当数值为0时，绘制的是填充的椭圆形；当数值为99时，绘制的是只有轮廓的椭圆形；当为中间的其他值时，就会绘制出内径大小不同的圆环。

（4）闭合路径：此复选框用于设置图形是否闭合，如图2-2-3所示。

（5）重置：单击此按钮可重置椭圆工具的所有设置的参数。

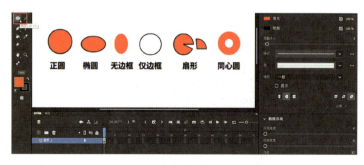

图2-2-2

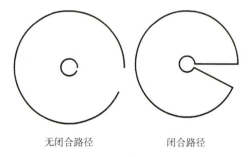

无闭合路径　　　闭合路径

图2-2-3

2．基本椭圆工具

基本椭圆工具与椭圆工具相比，用法与作用基本相同，只是基本椭圆工具绘制出的圆形更容易修改，基本椭圆工具是个独立的整体，点击即可选中全部，可以即时修改颜色、边框、同心圆、扇形。椭圆工具组中包括基本椭圆工具和椭圆工具，选择"基本椭圆工具"，在舞台上按住鼠标左键并拖曳，可绘制基本椭圆图形；按住 Shift 键的同时在舞台上按住鼠标左键并拖曳，可绘制正圆形。动画师可以根据需要，使用"选择工具"拖动节点或在"属性"面板中的"椭圆选项"选项区域中设置相关参数，来修改圆的形状等。选项区域的"开始角度、结束角度、内径、闭合路径"和上述用法一样。

三　多角星形工具

选择多角星形工具 ⬡ 后，在舞台上按住鼠标左键并拖曳，即可绘制多角星形。此时"属性"面板将显示多角星形的相关属性，可以根据需要在属性面板中修改图形的填充颜色、笔触和样式等参数。展开属性面板的"工具选项"，在样式里，可以修改多边形、星形。"边数"数值框中输入所需数值，确定形状的边数；在选择星形样式时，可以通过改变"星形顶点大小"数值来改变星形的形状，如图2-2-4所示。

图2-2-4

四　颜料桶工具与墨水瓶工具

1. 颜料桶工具

颜料桶工具可以对舞台中的封闭图形进行颜色填充、渐变填充、径向填充、位图填充，是一个使用频率很高的工具。封闭区域内可以填充颜色，也可以修改封闭区域里的颜色。

颜料填充时，经常要修改的属性是"间隔大小"属性，如图2-2-5所示。

（1）不封闭空隙：只填充全部闭合的区域。

（2）封闭小空隙：可以填充有小缺口没有闭合的区域。

（3）封闭中等空隙：可以填充有中等缺口没有闭合的区域。

（4）封闭大空隙：可以填充有大缺口没有闭合的区域。

使用颜料桶工具填充颜色时，如果出现无法填充的情况，一定要检查这里的间隔大小，可以开启封闭中等空隙、封闭大空隙尝试能否填充。如果还是无法填充，需要检查线条是否为形状，如果不是，需要选中线条，按Ctrl+B分离线条。

另外，"锁定填充"是填充渐变色时，可以将多个区域当作局部或整体来填充渐变色。图2-2-6中上面一排方形没有开启锁定填充，每个方形都是独立的渐变色；下面一排方形则开启了锁定填充，填充时，将把这些正方形当作一个整体来填充渐变色。

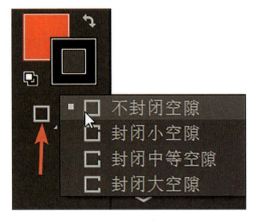

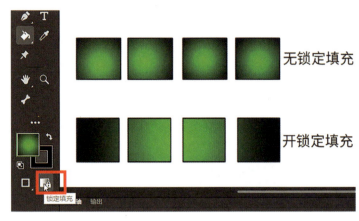

图2-2-5   图2-2-6

2. 墨水瓶工具

墨水瓶工具可以修改边框、线条、笔触的颜色，也可以对无边框的图形添加边框（笔触），并在属性面板中修改笔触颜色、笔触大小、样式等。

对文字描边的方法：打出文字Animate CC（图2-2-7），选中文字，右键在快捷菜单中选择"分离"命令，第一次分离是将文字由一个整体分离成单个的字，第二次执行"分离"命令是将单个文字分离成形状，然后使用"墨水瓶工具"，修改笔触颜色、笔触大小，单击文字即可填充描边，如图2-2-8所示。

图2-2-7   图2-2-8

五、图形编辑工具

1. 任意变形工具

任意变形工具是在制作动画的过程中经常使用的工具，可以使用该工具移动对象的位置、大小缩放、旋转、变形、倾斜、改变轴心点等，如图2-2-9所示。

（1）移动：选择任意变形工具，单击选择对象（如果是形状，需要框选全部），当出现移动图标时，拖动鼠标移动对象。

（2）缩放：选择任意变形工具，单击选择对象，将鼠标移动到调节框的角上，当出现缩放图标时，拉动调节框，将对象缩放大小；可以同时按住Alt键等比例缩放大小。

（3）旋转：选择任意变形工具，单击选择对象，将鼠标移动到调节框的角上，当出现旋转图标时，拉动调节框，将对象旋转。

| 移动 | 缩放 | 旋转 | 变形 | 倾斜 |

图2-2-9

（4）变形：选择任意变形工具，单击选择对象，将鼠标移动到调节框的边框中间点上，可以将对象变形；若同时按住Alt键操作，此时变形的轴心点在下方的边框上，这种方法在制作角色动画时经常使用。

（5）倾斜：选择任意变形工具，单击选择对象，将鼠标移动到调节框的边框中间点上，当出现倾斜图标时，往左或往右拉动鼠标，可以将对象倾斜；若同时按住Alt键操作，此时倾斜的轴心点在下方的边框上。

（6）改变轴心点：选择任意变形工具，单击选择对象，将鼠标移动到中间的轴心点上，点击移动轴心点，可以改变轴心点的位置，轴心点的改变为旋转对象提供了方便。

（7）封套：在对象是形状的时候，在选择任意变形工具后，在工具栏的最下方可以选择设置"封套"，对形状外形使用贝塞尔曲线进行变形调整，但封套只对形状有作用，对组、元件、位图是无作用的。例如，下图角色的脸部是一个组，不能封套，可以双击进入组的编辑状态，当脸部对象是形状时，使用任意变形工具的"封套"功能，调整脸的形状，得到最终效果（图2-2-10）。

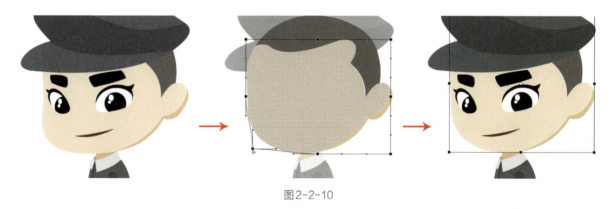

图2-2-10

2. 渐变变形工具

"渐变变形工具"■是针对渐变颜色、位图填充调整其中心点、方向、范围、大小、焦点的工具，可以使渐变填充或位图填充变形，如图2-2-11所示。在工具面板选择"渐变变形工具"，单击舞台中的渐变或位图填充，才会出现下图的变形控件，其他纯色填色、文字、组、元件使用此工具则不出现下图的控件，但可以使用分离命令将对象分离成形状，填充渐变或位图后再使用渐变变形工具，此时会自动出现变形控件，才能调整。左是渐变填充，右是径向填充，还有位图填充，它们的变形控件大致相同，用法也大致相同，其手柄的作用如下。

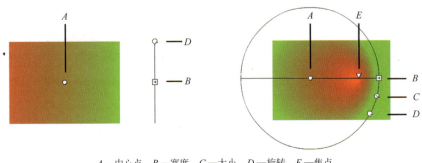

A—中心点 B—宽度 C—大小 D—旋转 E—焦点

图2-2-11

（1）中心点：鼠标移动到中心点手柄上，点击不松拖动可以移动渐变的中心点。

（2）宽度：鼠标移动到宽度手柄上，点击不松拖动可以调整渐变的宽度。

（3）大小：鼠标移动到大小手柄上，点击不松拉动可以调整渐变的大小。

（4）旋转：鼠标移动到旋转手柄上，点击不松转动可以调整渐变的旋转角度。

（5）焦点：鼠标移动到焦点手柄上，点击不松左右移动可以调整渐变的焦点。

第三节　图形常用编辑方法

Animate CC中可以使用工具来绘制、编辑图形，也可以使用菜单命令来编辑图形，本节将学习图形的常用编辑方法。

一 选择、复制和删除

选择图形经常使用的工具是 "选择工具"，可以将对象选择、移动、复制、调整矢量线和形状等操作。

1. 选择单个对象、多个对象

当选择 "选择工具" 元件并且在对象上单击，可以选择该对象；按住键盘的Shift键不放，依次单击其他对象，即可以选择多个对象；或者框选多个对象，可以同时选择多个对象。当对象是形状并且有多色填充时，可以依次单击多选，也可以框选，来同时选择多个形状对象。

2. 取消选择、删除对象

在对象被选择时，可以在空白区域单击，取消对象的选择；在对象被选择时，按键盘的Delete键可以删除对象。

3. 双击选择

当对象是形状元件并且边框有填充时，双击填充色，可以选择整个对象；双击边框，可以选择全部的边框；单击边框，即可选择部分线条；如果对象是元件、组，使用选择工具双击元件、组，即进入元件或组的编辑状态。

4. 复制

在Animate CC里，复制有多种方法，可以先用"选择工具"单击选择对象，然后单击菜单"编辑＞复制"命令，再单击菜单"编辑＞粘贴到当前位置或粘贴到中心位置"命令，即可以复制得到对象。复制的另一个常用方法是用"选择工具"单击选择对象，然后按住键盘的Alt键不放，将鼠标移到对象上拖动，即可复制得到新的对象图形（图2-3-1），这一方法对任何对象都有效，Photoshop软件也有同样的复制操作功能。

图2-3-1

二 图形的组合、分离

1. 组合

在Animate CC里绘制图形经常要把多个图形组合成一个对象。这样作为一个整体的对象选择、移动、复制比较方便，便于管理。使用方法是同时选择多个对象，然后执行菜单"修改＞组合"命令，可以将多个图形、组、元件组合成一个组；或者在选择对象后执行Ctrl+G快捷键，也可以将图形组合，如图2-3-2所示。

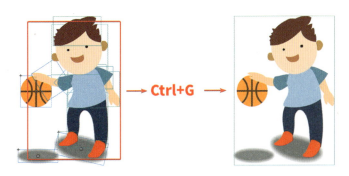

图2-3-2

在Animate CC的绘画中，很多动画师都喜欢在不选中任何对象时，先建一个空白组，在空白组里绘制，绘制完成后，退出组的编辑状态，回到场景，再继续建一个空白组绘制另一个图形，退出组的编辑状态回到场景。这样得到的每个组的对象就不会粘连在一起，工作起来比较方便。

图2-3-3中左边表示的是在当前组的编辑状态下绘制头发；右边是单击"场景1"图标，退出了组的编辑状态，返回到"场景1"。此时每个组之间是独立的，即使放在一起，也不会相粘；如果将形状放在

一起，它们就会粘在一起，给后续单独编辑造成麻烦。

图2-3-3

2. 分离

如果选择的对象是组、元件、文字、位图等，都可以通过菜单的"修改>分离"命令，将其打散为形状矢量图形，可以使用颜料桶等工具编辑、填充、修改形状矢量图形。也可以在对象被选择时单击鼠标右键，在弹出的菜单中选择"分离"命令，快捷键是Ctrl+B。菜单里的"修改>取消组合"命令只是针对组的取消组合，不能将位图、文本变为形状矢量图。

三 \ 图形的排列、对齐

1. 排列

当Animate CC中有多个图形时，可以通过图层的上下关系来排列图形对象。如果同一个图层里有多个图形，可以通过排列的相关命令，对图形进行上下关系排列，如可以选中当前的对象，在菜单上单击"修改>排列>上移一层/下移一层/移至顶层/移至底层"命令，对选择的对象调整上下关系；也可以单击选择对象，右键在快捷菜单中选择"排列>移至顶层/上移一层/下移一层/移至底层"命令调整对象的上下关系，如图2-3-4所示。打开素材文件"滑板素材.fla"，可参考下图调整图形的上下关系。

图2-3-4

2. 对齐

在有多个图形、组、元件等对象时，经常要使用"对齐"命令对这些对象进行对齐、分布操作。方法是同时选择多个对象，单击"修改＞对齐＞左对齐/右对齐/水平居中/垂直居中……"；也可以在对象选择时，右键在快捷菜单中选择"修改＞对齐＞左对齐/右对齐……"；除了这两种方法外，还可以打开对齐面板，在选择多个对象时，执行面板中相应的对齐命令，可以将图形对齐、分布、匹配大小，此面板默认是隐藏的，可以在"菜单＞窗口"里开启此面板，如图2-3-5所示。

图2-3-6是在同时选择多个对象时，执行"水平居中"和"垂直居中"得到的效果。

图2-3-5　　　　　　　　　　　　　　　　　　　图2-3-6

打开素材文件"向日葵素材.fla"，图2-3-7中的向日葵非常不整齐，工作中经常要对此类图形进行对齐，所以可用选择工具，选择全部的向日葵，在对齐面板单击"垂直居中"，再单击"水平居中分布"，得到向日葵排列整齐的效果，如图2-3-8所示。

图2-3-7　　　　　　　　　　　　　　　图2-3-8

第四节　实训案例：角色绘制

本节的实训案例是通过绘制角色造型，讲解角色的绘制方法、直线工具在角色造型绘画里的实际使用方法，最终效果如图2-4-1所示。

步骤1　单击菜单"义件＞新建"命令，在弹出"新建文档"窗口里，设置：角色动画＞高清1280×720＞帧速率为30，单击"创建"，创建一个新文档。

步骤2　在时间轴上新建图层，单击"文件＞导入＞导

扫码见视频教程

图2-4-1

入到库"，选择"角色线稿参考图.jpg"，单击"打开"，将图片导入库。打开库面板，将刚导入的图拖曳到舞台，放在图层上，调整合适大小，将此图层锁定，以免误操作。

步骤3   在图层上方新建图层，单击菜单栏中的"修改＞组合"，在空层上建一个新的组合，在新建组合里绘制，优点是降低其他素材的明度，能够更清楚地看到绘制的线条，非常方便管理。选择"线条工具"，将线条工具的笔触颜色改为黑色，填充颜色为"空"，用画直线的方式画出头部的直线线条，然后按住Ctrl键不放，将鼠标移动到线条上，调整线条为曲线，如图2-4-2所示，绘制完成，单击舞台上方的"场景1"退出组的编辑模式，返回场景1。

步骤4   使用选择工具单击舞台的空白地方，在不选择任何图形的状态下，单击菜单栏中的"修改＞组合"，新建一个空组，在空组里继续使用"线条工具"画出帽子的线条，如图2-4-3所示。除了使用上述方法将线条调整为曲线外，也可以切换为"选择工具"，将帽子的线条转换为曲线。绘制完成后，单击舞台上方的"场景1"退出组的编辑模式，返回场景1。为保证每一个主体都是单独一个组，每绘制完成一部分，都要退出已经绘制完成的组，重建新组绘制新的部件，比如，头部、帽子是单独的两个组，方便管理和使用。

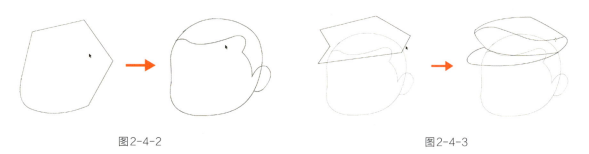

图2-4-2   图2-4-3

步骤5   分别使用"椭圆工具""线条工具"，笔触颜色改为黑色，填充颜色为空，线条设置得细一些，按Ctrl+G新建一个空白组，画出两只眼睛的椭圆形、眼皮、眼珠、高光部分、眉毛，然后使用"选择工具"调整曲线，按住Ctrl键不放，可添加调整点，继续调整曲线，一直调整到图2-4-4中左图所示效果，用上述使用过的方法退出组的编辑模式，返回场景1。

步骤6   按Ctrl+G新建空白组，在新组里，用上述同样的方法，使用"线条工具"画出嘴巴，绘制完毕退出组的编辑模式，返回场景1，如图2-4-4中右图所示。

步骤7   按Ctrl+G新建空白组，在新组里，用上述同样的方法，使用"线条工具"画出上身。注意部件之间衔接的方法，比如颈部与头、颈部与衣服衔接的画法，将来这个线稿需要制作动画时，如果头部动一点点，会出现头与身体脱离的情况，即出现"穿帮"的问题，所以在制作动画时，部件之间需要多画一些，给后面制作动画留下空间和方便。当然，图2-4-5左幅图的画法可以用在漫画里，用在动画里还需要改进。绘制完毕退出组的编辑模式，返回场景1，最后得到图2-4-5右幅图的效果。

步骤8   使用同样的方法，按Ctrl+G新建空白组，在新组里，使用"线条工具"画出大腿，注意部件之间衔接的方法，衔接的地方需要多画一点，注意部位之间的交搭。大腿需要分两个不同的组来绘制。这样绘制的优点是，选择一条腿是能够单独移动位置的，两条大腿均可以单独运动，如图2-4-6所示。

步骤9   使用同样的方法，按Ctrl+G新建空白组，在新组里，使用"线条工具"画出上手臂、下手臂、手，注意部件之间衔接的方法。上手臂、下手臂、手，需要分三个不同的组来绘制，特别要注意下图红色方框关节处的绘制方法，分组绘制好后，可使用"任意变形工具"来旋转与变形，为将来制作动画做好铺垫，如图2-4-7所示。

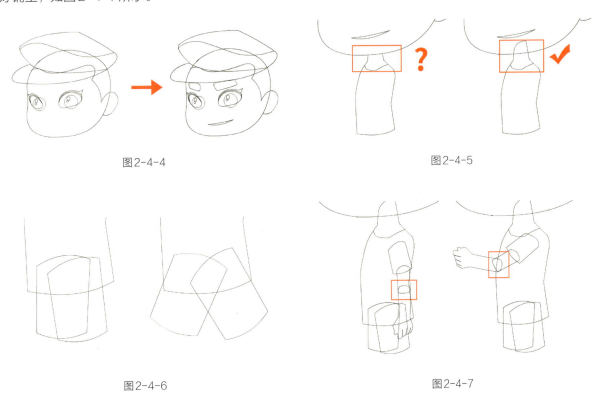

图2-4-4　　　　　　　　　　　　　　　　　　图2-4-5

图2-4-6　　　　　　　　　　　　　　　　　　图2-4-7

步骤10　使用上述方法，按Ctrl+G新建空白组，在新组里，使用"线条工具"画出小腿、脚，注意小腿与大腿与脚之间衔接的方法。与上述步骤一样，需要分两个不同的组来绘制，绘制完成后退出组的编辑模式。绘制好一条包含脚的小腿后，按住Alt键不放，用"选择工具"拖曳，复制一条小腿，并使用"任意变形工具"使后面这条腿略缩小，要符合透视关系，遵循近大远小的一般性透视原则，如图2-4-8所示。

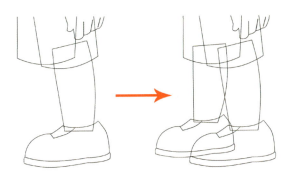

图2-4-8

步骤11　单击菜单"控制>测试"预览画面，进一步修改需要完善的地方，一张静态的线稿绘制完毕。单击菜单"文件>另存为"，保存文件"角色线稿完成.fla"。

第五节　实训案例：角色上色

扫码见视频教程

本节的实训案例是通过对角色上色，学习颜色填充的使用方法与技巧，最终效果如图2-5-1所示。

步骤1　单击菜单"文件＞打开"，在素材源文件目录文件夹，打开文件"角色线稿完成.fla"。

步骤2　整理头的组，便于后期制作动画，如图2-5-2所示。

图2-5-1

步骤3　双击头部所在的组，进入组的编辑状态，用"选择工具"选择头部的所有线条，单击鼠标右键在快捷菜单中选择"分离"命令，如图2-5-3所示，将头部分离成"形状"。这是因为线条是"绘制对象"，而绘制对象的每根线条都是独立的，不与任何线条相交，所以不能直接填充，需要将绘制对象分离成形状线条，才能填充。

步骤4　选择"颜料桶工具"，选择好填充颜色，在"间隔大小"里选择"封闭大空隙"，将颜料填充在角色的脸上，更换合适的颜色填充在头发上。双击边线选中线条，按键盘 Delete 键删除线条，如图2-5-4所示。填充完毕，退出头部的组的编辑状态，返回"场景1"。

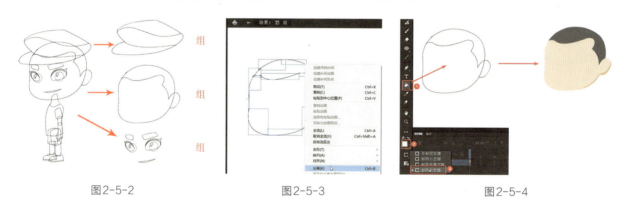

图2-5-2　　　　　　　　　　　図2-5-3　　　　　　　　　　　图2-5-4

步骤5　双击帽子的组，进入组的编辑状态，用"选择工具"选择帽子的所有线条，按快捷键Ctrl+B可以将头部分离成"形状"。然后选择"颜料桶工具"，选择好不同的填充颜色，在"间隔大小"里选择"封闭大空隙"，将颜料填充在帽子上的各部分，如图2-5-5所示。填充完毕，双击边线选中线条，按Delete键删除线条，退出组的编辑状态，返回"场景1"。

步骤6　使用相同的方法，进入眼睛的组编辑状态，分离眼睛，填充相应的颜色，删除线条，如图2-5-6所示。注意：有时分离一次不能完全打散线条，可以按Ctrl+B多次，直到将全部线条打散分离。使用相同的方法为嘴巴上色，上色完毕，退出组的编辑状态。

步骤7　使用上述相同的方法，对上衣和颈部上色。上衣和颈部是一个组，双击进入组的编辑模式，多次按Ctrl+B将绘制对象转化为形状，使用上述方法填充颜色。填充完毕后，双击边线选择线条，按Delete键删除线条，填充完毕同样要退出组的编辑模式，如图2-5-7所示。

步骤8　如图2-5-8所示，选择上衣的组，在衣服上单击鼠标右键，在弹出的快捷菜单中选择"排列

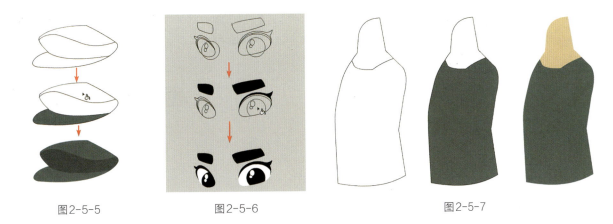

图2-5-5 图2-5-6 图2-5-7

>移至底层",通过这种方式调整两个组的上下关系,头部与上衣的最终效果如图2-5-9所示。

步骤9 因为本案例的角色不保留边线,所以在选择衣袖的颜色时,选择帽子的深颜色较为合适,以区分衣身和衣袖。颜色确定后,继续使用同样的方法填充衣袖,填充完毕删除边线,如图2-5-10所示。继续使用同样的方法填充上手臂、下手臂、手,如图2-5-11所示。

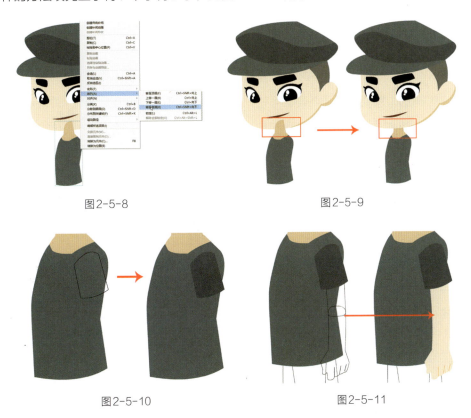

图2-5-8 图2-5-9

图2-5-10 图2-5-11

步骤10 因为大腿和小腿在做动画时需要动,所以大腿是独立的两个组,继续使用同样的方法填充裤子,分别填上不同的颜色,以区分是左腿还是右腿。将两条大腿填充颜色后,使用菜单的"修改>排列>上移一层/下移一层"的方式调整两条大腿与上身的上下层关系,如图2-5-12所示。

步骤11 为小腿和脚上色可以使用简单方法,先删除一组小腿和脚,只上另一组的颜色。上色完毕退出组,复制粘贴已经上色的组,使用"任意变形工具"调整后方一组的大小,使其脚出现近大远小的透视规律,并适当修改颜色,使两组的颜色有所区别,如图2-5-13所示。

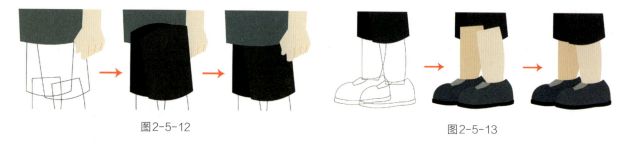

图2-5-12　　　　　　　　　　　　　　　　　　图2-5-13

步骤12　检查是否有漏色或其他需要修改完善的地方，检查完成效果。单击菜单"文件＞另存为"，保存文件"角色上色完成 .fla"，完成角色上色。

本章小结

　　本章通过工具与案例相结合的方法来介绍图形的绘制、上色、编辑工具的使用方法，详细介绍了Animate CC 软件中最常用的线条工具、钢笔工具的绘画方法，颜料桶工具填充颜色的方法，以及图形的编辑方法。

　　本章演示了角色绘制、上色的案例，读者需要掌握线条工具绘制线条的方法，因为一切图形都是绘制出来的，绘制图形、编辑图形是制作动画的基本能力，本章介绍的绘制上色工具也是制作动画的常用工具。须注意的是，在绘制图形时"打组"后，在组里绘制图形，每个关节一个组。在绘制角色时，还要体会角色的透视变化、动态变化，特别是要注意两关节间相接的画法，避免制作动画时"穿帮"的情况发生，上颜色时应该分清前后的色彩关系和近大远小的空间关系。

课后作业

　　1. 本章案例里的小狮子是用"线条工具"绘制的，请换一种工具，使用"钢笔工具"来完成小狮子练习，并使用"颜料桶工具"上色。

　　2. 使用"线条工具"完成图片所示角色绘制，并使用"颜料桶工具"上色。

第三章
逐帧动画

理论与实践——逐帧动画

教学内容:

1. 时间轴。

2. 帧。

3. 实训案例:角色举手逐帧动画。

建议课时: 6课时。

教学目的: 让学生掌握"时间轴""帧"的操作方法;能够使用相关知识在时间轴上制作逐帧动画,具备制作逐帧动画的专业素养。

教学方式: 讲授法、直观演示法。

学习目标:

1. 了解时间轴上图标的含义与用法。

2. 了解"绘图纸外观"在动画制作中的使用方法和意义。

3. 理解"帧"的含义,掌握"帧"相关的操作方法。

4. 能够使用逐帧的方法绘制二维动画。

第一节　时间轴

　　时间轴是Animate CC软件中的重要面板之一，主要放置图层、帧，控制动画的时间和长度。第一章介绍了图层的原理与用法，本节将学习时间轴面板的用法，图3-1-1是对时间轴面板图标的解释。

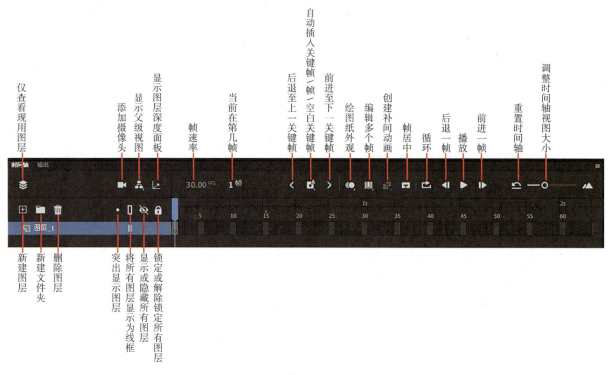

图3-1-1

　　下面主要学习"时间轴"面板中各选项的含义。

一　图层选项

　　仅查看现用图层：有多个图层时，单击该按钮，只显示当前选中的图层，其他图层全部隐藏，但不影响图层的内容。

　　添加摄像头：单击该按钮，创建一个"Camera"摄影机图层，可以对舞台制作推、拉、移、转动的镜头运动。

　　显示父级视图：有多个图层时，单击此按钮，图层名称的右边位置会变宽，如果"图层_1"里的图形是元件且有动画，可以把"图层_2"拖曳到"图层_1"（图3-1-2），图层图标变成如图3-1-3所示的效果，此时，"图层_2"为子级，"图层_1"为父级，并且可以拖曳多个子级图层跟随父级图层运动。

　　显示图层深度面板：可以调出图层深度面板，通过深度面板，选中图层可以向上或向下拉动右边不同颜色的线，可以动态地更改图层的深度，图3-1-4是无图层深度效果，图3-1-5是有图层深度效果。

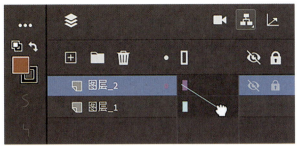

图3-1-2　　　　　　　　　　　　　　　　图3-1-3

图3-1-4（Adobe官方图片）　　　　　　　图3-1-5（Adobe官方图片）

新建图层：单击该按钮，可以创建新图层。

新建文件夹：单击该按钮，可以创建出文件夹图层。

删除图层：先选中图层，单击该按钮即可删除选中的图层。

突出显示图层：单击此按钮，所有图层高亮带色彩显示，方便看清图层分界。也可以单击图层上的这个图标，只高亮显示当前图层。

将所有图层显示为线框：单击该按钮，将图层中所有内容以线框的方式显示。也可以单击某一图层上的这个图标，只把当前图层以线框的方式显示（可参见第一章图层的基本操作）。

显示或隐藏所有图层：单击该按钮，隐藏或显示所有图层中的内容。也可以只单击某一图层上的这个图标，只把当前图层隐藏或显示（可参见第一章图层的基本操作）。

锁定或解除锁定所有图层：单击该按钮，锁定或解锁所有图层。也可以只单击某一图层上的这个图标，可以只锁定或解锁当前图层（可参见第一章图层的基本操作）。

二　帧选项

帧速率：在Animate CC 2023中默认帧速率是30FPS，以前的老版本帧速率是24FPS，如需修改帧速率，可以单击舞台空白区域，在属性面板的文档里，修改FPS数值。

当前在第几帧：显示的数值是当前播放头在第几帧。

后退至上一关键帧：当选中的图层有多个关键帧时，单击此图标，跳到上一个关键帧。

自动插入关键帧：默认单击此按钮，快捷插入关键帧；右键单击此图标，可以切换为插入"帧"、插入"空白关键帧"，再单击此标，相应地改为插入帧或插入空白关键帧。

前进至下一关键帧：当选中的图层有多个关键帧时，单击此图标，跳到下一个关键帧。

绘图纸外观：单击该按钮，时间轴标尺上出现绘图纸的标记（图3-1-6），标记范围内帧上的对象将同时显示在舞台上（图3-1-7），拖动可以调整标记的范围，如图3-1-8所示。

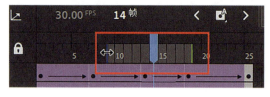 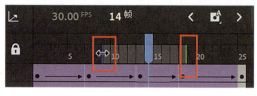

图3-1-6　　　　　　　　　　图3-1-7　　　　　　　　　　图3-1-8

"绘图纸外观"有两种显示方式，鼠标长按绘图纸外观按钮，在弹出的菜单中选择"高级设置"，在弹出的"绘图纸外观设置"窗口中，可以设置"绘图纸外观"的显示方式。在Animate CC 2023中，默认的"绘图纸外观"显示方式是以"绘图纸外观填充"的方式显示，如图3-1-9所示；也可以单击图3-1-10中的"绘图纸外观轮廓"按钮，切换成以轮廓线框的方式显示。

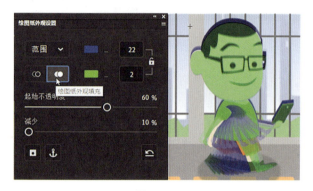 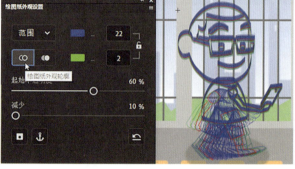

图3-1-9　　　　　　　　　　　　　　　　图3-1-10

还可以单击"仅显示关键帧"图标，显示效果就会只有关键帧画面的轮廓线框，如图3-1-11所示，其他补间动画帧或其他帧的画面则不会显示出来，便于关键帧的绘制，这是Animate CC 2023新增加的功能，使逐帧动画制作更加方便。

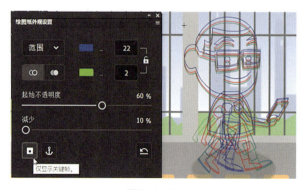

图3-1-11

编辑多个帧：单击该按钮，绘图纸标记范围内帧上的对象同时显示在舞台上，即可同时编辑所有的对象。

创建补间动画：它是"创建传统补间""创建补间动画""创建补间形状"的快捷方式。

帧居中：当帧的显示区域超出了时间轴的显示区域时，单击该按钮，播放头所在的帧会显示在时间轴的中间位置。

循环：单击该按钮，在标记范围内的帧将在舞台上循环播放。

播放区：控制动画视频的播放，主要包括"转到第一帧""后退一帧""播放""前进一帧"和"转到最后一帧"按钮。

重置时间轴：如果时间轴的视图放大或缩小过，单击此按钮，时间轴的帧恢复到默认的视图显示大小。

调整时间轴视图大小：拉动小圆圈按钮，可以放大或缩小时间轴视图。

播放头：如图3-1-12、图3-1-13所示。

图3-1-12   图3-1-13

第二节　帧

一　帧的认识

"帧"是动画的重要概念，帧是构成动画的最基本的单位，可以控制动画的时间和运动。早在1824年，英国伦敦大学教授彼得·马克·罗杰特（Peter Mark Roget）提出"视觉暂留"原理，他指出：当物体在快速运动的时候，当人眼所看到的影像消失后，人眼的视网膜仍能继续保留三分之一秒左右的图像，这种现象被称为视觉暂留现象。视觉暂留原理为动画的产生提供了科学的理论基础，而摄影技术的发展促进了动画的进步。根据视觉暂留原理，当一幅画面在视网膜上没有消失的时候，就播放下一幅画面，再进入视网膜上成像，就会造成视觉幻觉。电影采用24幅画面（英文就是Frame，即帧）的速度拍摄，再将画面投射到屏幕播放，1秒播放24幅画面，也就是24FPS，结合视觉暂留原理特性，动画就产生了。

我们可以理解为，所谓1帧，就是1幅画面。24帧，就是24幅画面，而动画在1秒内播放24张不同的画面，也就是播放24帧，即逐帧动画，根据视觉暂留原理特性，动画就动起来了，但是这个动不是真的会动，而是因为人眼的生理原因产生的错觉，觉得是运动起来了。

动画片中帧的数量和播放速率，共同决定了影片总的时间长度。我们绘画的内容是放置在帧上面，放置帧的顺序将决定播放视频时显示的顺序。在老版本的Animate CC软件中，标准的动画速率是24FPS，在Animate CC2023版本中，默认"帧速率"为30帧，就表示，1秒播放30帧，即播放30幅画面，图3-2-1红框内的长度，只能播放1秒时长。

图3-2-1

制作动画时，是否意味着1秒一定要画30张画面呢？不一定。我们可以在每1帧上画1张不同的画面，这样的动画最流畅，但是时间成本和经济成本也是最高的。当然也可以每画1张画面持续5帧时长，那么30帧只需要画6张画面。例如，在图3-2-2中这6个空白关键帧上画6幅不同的画面，每1幅画面持续5帧，就是1秒，这样能够节省劳动时间和经济成本，但画面流畅度也降低了。当然，按照个人喜好和需要，1幅画面持续2帧、3帧、5帧、6帧、10帧等都是可以的，播放速率不变，依然是30FPS，只是流畅度降低了。

图3-2-2

在图3-2-3中，6个卡通角色画面构成1秒，就出现了一个角色跑步的动画。

图3-2-3（Adobe官方图片）

图3-2-4中有10个空白关键帧，每1个空白关键帧持续3帧的时长，一共是30帧，时长是1秒。

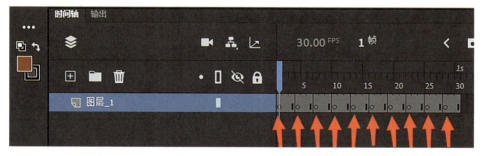

图3-2-4

在图3-2-5中，10个卡通角色画面构成1秒，就出现了一个角色跑步的动画。同样是1秒时间，图3-2-3中的1秒只有6张画面，而这里1秒有10张画面，因此，这里的动画流畅度要好一些，但是时间成本也要高一些。

图 3-2-5（Adobe 官方图片）

二 帧的类型

在 Animate CC 软件中，有三种常用帧类型，它们各有作用与用途，我们通常会根据需要选择使用不同的帧类型。帧的类型主要包括空白关键帧、普通帧、关键帧，如图 3-2-6 所示。

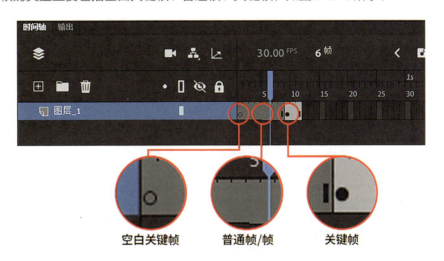

图 3-2-6

"空白关键帧"指在一个关键帧上没有任何图形元素（图形、音乐、视频、Action 等），这种关键帧被称为"空白关键帧"，它其实也是关键帧的一种，只不过它上面没有元素和内容。作用是在画面与画面之间形成间隔或留白。它在时间轴上是以空心圆的形式显示，用户可以在其上绘制图形等。在空白关键帧上，可以插入图片、视频、音乐、声音、Action 等，也可以绘制图形、元件等。一旦在空白关键帧中创建了内容，空白关键帧就会自动转变为关键帧，在时间轴上将以实心圆的形式显示。

"普通帧"是前一个关键帧所含的内容的延续，或"空白关键帧"的延续。在制作动画时，经常要对"关键帧""空白关键帧"延长播放时间，就需要插入"普通帧"，也就是常说的"插入帧"，起到对前一关键帧延续播放的作用。

"关键帧"指角色或者图形运动过程中关键动作所处的那一帧，也就是二维动画中的原画，在时间轴上以实心圆的形式显示。在两个关键帧中间，可以让软件自动生成过渡画面，就是常说的"补间动画"。但很多时候动画都要一帧一帧去绘制，每个画面都是画在关键帧上。

三 \ 帧的操作

在制作动画的过程中，经常需要对帧进行编辑和操作，常用操作方法有选择帧、插入帧、插入关键帧、复制帧、粘贴帧、删除帧、移动帧、翻转帧等。

1. 选择帧

在对帧进行编辑之前，需要选择帧，用户既可以选择单个帧，也可以选择连续或不连续的多个帧，还可以选择所有的帧，下面将详细介绍选择帧的方法。

（1）选择单个帧：在时间轴中直接单击需要选中的帧，也可以点中时间轴空白地方的帧，选中的帧呈蓝色，如图3-2-7所示。在选中后，可以进行插入帧、插入关键帧、删除帧等操作。

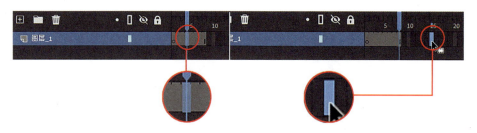

图3-2-7

（2）选择连续多个帧：首先选中起始的帧，单击鼠标不松手，向后拖动，可以选择连续多个帧，选中的帧呈蓝色，如图3-2-8所示。也可以先选中起始的帧，在按住Shift键的同时单击需要选择的最后一个帧，即可选中连续的多个帧，选中的帧呈蓝色。选择连续的帧时，可以是同一图层，也可以是不同图层，方法是相同的，图3-2-9所示是选择多个图层的连续的多个帧。

图3-2-8

图3-2-9

（3）选择不连续帧：首先单击第一个帧，然后按住Ctrl键不松手，再依次选中其他不连续的帧即可，选中的帧呈蓝色，如图3-2-10所示。

图3-2-10

（4）选择某一图层的所有帧：可以在图层名字的后方空白区域，单击鼠标左键即可选中本图层的所有帧，如图3-2-11所示。也可以在任意帧上，单击鼠标右键，在快捷菜单中选择"选择所有帧"，即可选中所有帧，如图3-2-12所示。

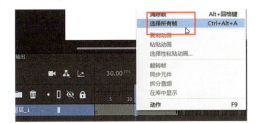

图3-2-11　　　　　　　　　　　　　　　　图3-2-12

2. 插入帧和插入关键帧

在 Animate CC 2023 中，插入帧操作包括插入帧、插入关键帧和插入空白关键帧。首先选中需要插入帧的位置，鼠标单击菜单"插入 > 时间轴 > 帧 / 关键帧 / 空白关键帧"；或在要插入帧的位置，点击鼠标右键，在快捷菜单中选择"插入帧"/"插入关键帧"/"插入空白关键帧"命令，即在该位置上插入了一个帧 / 关键帧 / 空白关键帧。当然也可以使用快捷键的方法，"插入帧"的快捷键是F5，从 Animate CC 2023 开始，已经取消了"插入关键帧""插入空白关键帧"的快捷键。

3. 复制和粘贴帧

如果需要对单个帧或多个帧执行复制和粘贴操作，一种方法是：首先要选择帧，再单击菜单"编辑 > 时间轴 > 复制帧"（快捷键是 Ctrl+Alt+C），然后单击需要粘贴的位置，单击菜单"编辑 > 时间轴 > 粘贴帧"（快捷键是 Ctrl+Alt+V），完成帧的复制与粘贴操作。

另一种方法是：在时间轴上选中要复制的帧，然后单击鼠标右键，在弹出的快捷菜单中选择"复制帧"，然后在要粘贴的位置单击鼠标右键，在弹出的快捷菜单中选择"粘贴帧"，完成复制与粘贴帧的操作。

4. 删除帧

方法一：选中要删除的帧，可以选择多个帧，然后单击菜单"编辑 > 时间轴 > 删除帧"。

方法二：选中要删除的帧，可以选择多个帧，在选中的蓝色帧上点击鼠标右键，在快捷菜单中选择"删除帧"命令。

方法三：选中要删除的帧，可以选择多个帧，按下 Shift+F5 快捷键删除选中的帧。

5. 移动帧

在时间轴上选中需要移动的帧，出现蓝色时，按住鼠标左键不松手并拖曳至所需要的位置后，释放鼠标即可。

6. 翻转帧

翻转帧是将动画播放顺序倒放的操作。在时间轴上选中需要倒放的连续多个帧，在选中的蓝色帧上点击鼠标右键，在快捷菜单中选择"翻转帧"，预览动画，即可查看倒放的效果。

第三节　实训案例：角色举手逐帧动画

扫码见视频教程

本节的实训案例是用逐帧动画的方法制作人物角色举手的动画效果。正面人物举手可以用逐帧的方法来做，也可以使用补间动画的方法来做，但是正面人物举手时的手部形态是有变化的，不能全部用软件补间来生成过渡画面（中间画），或多或少还是需要用逐帧来绘制，最终效果如图3-3-1所示。

步骤1 单击菜单"文件 > 打开"，在素材源文件目录文件夹，打开文件"举手动画素材 .fla"。分析素材，时间轴上有1个图层，1个关键帧，舞台中的角色是分组绘制的，每个部分是一个组，人物素材是静态的（图3-3-2）。本案例的任务是需要将这一个静态的人物角色制成一个动态的抬手动画。

图3-3-1

步骤2 角色举手的动画，身体有的部分是不需要变化的，可将其单独放在一个图层上，将需要绘画的部分画在新图层上，这样方便修改，绘制完成后再组合，最后移动到同一个图层上即可，所以要单击"新建图层"按钮新建一个图层。本次角色举手动画设计6张画面完成此次动作，其中第1张和第6张画面是原画。绘画时先从原画开始画起，而不是按照从第1帧到第2帧这样的顺序进行绘制，所以需要选择两个图层上第6帧处的这1列帧，单击右键，在弹出的快捷菜单中选择"插入关键帧"，得到1个空白关键帧和1个关键帧，如图3-3-3所示。

步骤3 选择角色的右手两个组，单击菜单"修改 > 变形 > 垂直翻转"命令，并使用"选择工具"适当移动手的位置，将手调整到如图3-3-4所示的效果。

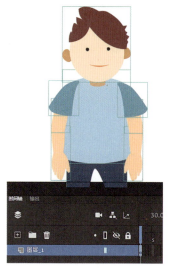

图3-3-2

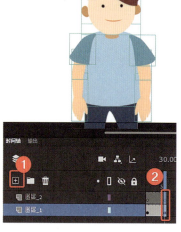

图3-3-3

图3-3-4

步骤4 选择"图层_2"，将播放头移动到第6帧处，使用"线条工具"，在舞台里绘制这一关键帧的衣袖部分的图形，此时"图层_2"的空白关键帧因为有了内容而自动变成关键帧，如图3-3-5所示。

步骤5 选择"选择工具"，用前面学过的直线调整成曲线的方法，将直线调整成弧线，如图3-3-6所示。

步骤6 使用"颜料桶工具"选择袖子的颜色，填充绘画区域，填充时如果填充不上颜色，原因可能是有细小的缺口没有封闭，可以开启"封闭大空隙"进行填充；填充完毕，将第6帧下图层原来的袖子删除，得到如图3-3-7所示的效果。

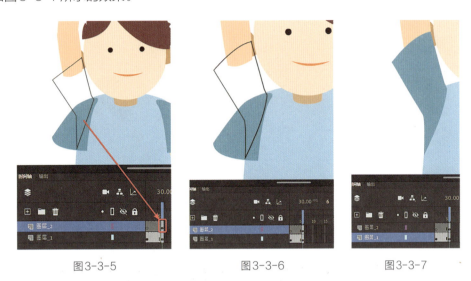

图3-3-5 　　　　　　　　图3-3-6 　　　　　　　　图3-3-7

步骤7 第1帧和第6帧的两张原画已经绘制完毕，继续绘制这两张原画中间的过渡画面。这次来绘制第3张画面，选择第3帧上下两个图层的帧，单击鼠标右键，在快捷菜单中选择"插入关键帧"，得到上图层的空白关键帧和下图层的关键帧，因为这次手的变化较大，所以要删除手的部分，重新绘制。有了绘制方法，用图3-3-8的方法开启"绘图纸外观"，方便绘制。

步骤8 举手动作，手抬一半的时候，上手臂需要略微往外侧一些，可以使用"任意变形工具"将上手臂往外调整到如图3-3-9所示的位置，然后使用"线条工具"绘制出手的轮廓；再使用"颜料桶工具"填充颜色，删除边线，效果如图3-3-10所示。

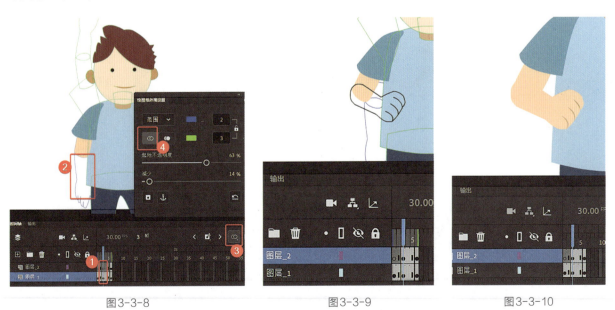

图3-3-8 　　　　　　　　图3-3-9 　　　　　　　　图3-3-10

步骤9 画完了第3帧，现在需要绘画第4帧。选择"图层_2"的第4帧，点击鼠标右键，在快捷菜单中选择"插入空白关键帧"，选择"图层_1"的第4帧，同样的方法选择"插入关键帧"，如图3-3-11

所示；选择右手的上胳膊并将其删除，如图3-3-12所示，这是因为这个区域的变化较大，需要重新绘制。

步骤10 选择"图层_2"，将播放头移动到第4帧处，使用"线条工具"画出这一帧的中间画，效果如图3-3-13所示。

步骤11 继续使用"颜料桶工具"填充颜色，删除边线，得到如图3-3-14所示的效果。

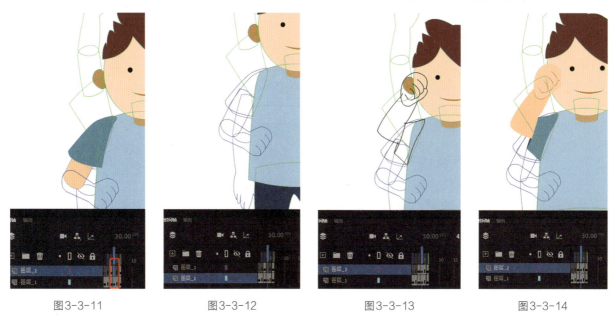

图3-3-11　　　　　图3-3-12　　　　　图3-3-13　　　　　图3-3-14

步骤12 现在需要绘画第5帧的画面。选择"图层_2"的第5帧，右键插入空白关键帧，选择"图层_1"的第5帧，右键插入关键帧，如图3-3-15所示；选择"图层_2"，将播放头移动到第5帧处，用"线条工具"画出这一帧的举手的中间画的线稿，如图3-3-16所示；并填充颜色，如图3-3-17所示。

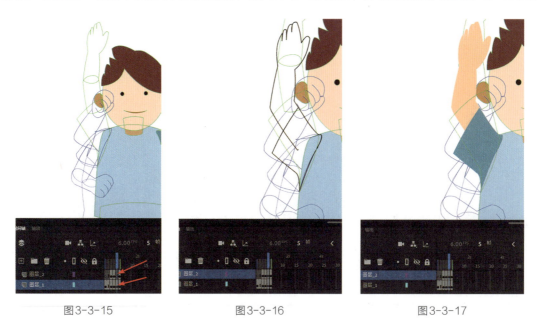

图3-3-15　　　　　　图3-3-16　　　　　　图3-3-17

步骤13 绘制第2帧画面。选择"图层_2"的第2帧，右键插入空白关键帧，选择"图层_1"的第2帧，右键插入关键帧，如图3-3-18所示；这里手的抬起透视变化较大，需要重新绘制这一部分，先选择右手的小臂将其选择删除。手抬起时，手的关节处应该向外移动，所以使用"任意变形工具"，将上手臂往外调整一点，只画下手臂。选择"图层_2"，将播放头移动到第2帧处，用"线条工具"画出图3-3-19这一帧的举手的中间画的线稿，并填充颜色，效果如图3-3-20所示。

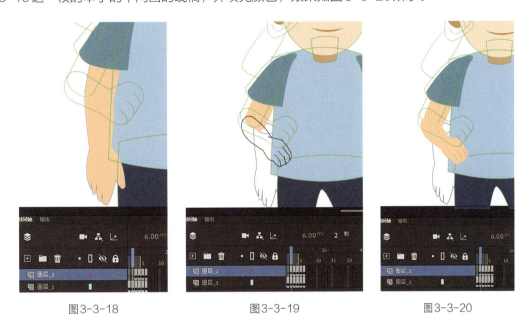

图3-3-18   图3-3-19   图3-3-20

步骤14 拉动时间轴上的播放头，预览动画，举手动画完成。现在需要制作嘴巴动画，嘴巴动画第1~3帧的嘴巴是闭上的，原来已经是闭上的嘴巴，不需要修改；第4帧和第5帧的嘴型需要修改为张开的嘴巴，将播放头分别移动到第4帧、第5帧处，双击头部的组进入组的编辑状态，修改嘴巴的形状（图3-3-21）。

步骤15 将播放头移动到第6帧处，双击头部的组进入组的编辑状态，修改第6帧嘴巴的形状，如图3-3-22所示。这样得到第1~3帧是闭嘴，第4~5帧是张大嘴，第6帧是半张嘴，这样一个嘴巴讲话动画就绘制完毕。

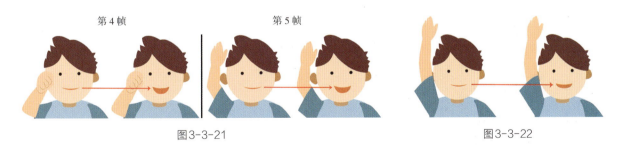

图3-3-21   图3-3-22

步骤16 绘制完毕，可以将两个图层合并。Animate CC 2023提供了图层合并功能，方法是按住Shift不放，同时选择两个图层，在图层上点击鼠标右键从快捷菜单中选择"合并图层"命令，两个图层就合并成了一个图层，如图3-3-23所示。另外，原来在"图层_2"里画的形状，软件自动将其转换为了"绘制对象"，绘制对象和组的级别一样，这是软件新增加的非常实用的功能。

步骤17 动画已经绘制完毕，图层也合并完毕，可以给当前的动画做一个循环播放的效果。单击舞台空白区域，在属性面板里，设置本文档帧速率为8FPS（图3-3-24）。表3-3-1是本动画的摄影表，根据此摄影表来插入帧，制作循环动画。

表3-3-1　举手动画摄影表

F	1	2	3	4	5	6	7	8	9	10	11	12	13	14	15	16	17	18	19
P	1	1	1	1	2	3	4	5	6	6	6	6	6	6	6	6	6	6	6
S								1								2			
F	20	21	22	23	24	25	26	27	28	29	30	31	32	33	34	35	36	37	38
P	6	3	2	1	1	1	1												
S					3								4						

注　F 代表帧（Frame），P 代表画面（Picture），S 代表秒（Second）。

步骤18　在第1帧处单击鼠标右键，在快捷菜单中选择"插入帧"，或选择一个帧并按快捷键"F5"插入帧，如图3-3-25所示，多次插入帧，让第1个关键帧持续到第4帧。

步骤19　在第20帧处单击鼠标右键，在快捷菜单中选择"插入帧"，效果如图3-3-26所示。

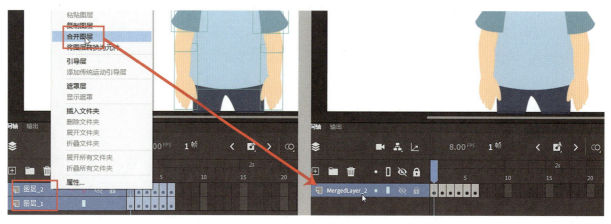

图3-3-23

图3-3-24

图3-3-25

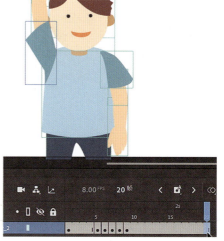

图3-3-26

步骤20　根据摄影表，第21帧处需要第3张画面。可以选择第6帧（即第3个关键帧），点击鼠标右键，在快捷菜单中选择"复制帧"；再选择第21帧，点击鼠标右键，在快捷菜单中选择"粘贴帧"，如此便将第3张画面复制到第21帧了，如图3-3-27所示。

图3-3-27

步骤21　用上述方法，将第2幅画面（第5帧，也就是第2个关键帧）复制、粘贴到第22帧上；将第1幅画面（第1帧，也就是第1个关键帧）复制、粘贴到第23帧上，此画面需要延续4帧，直接在第26帧插入帧，如图3-3-28所示。

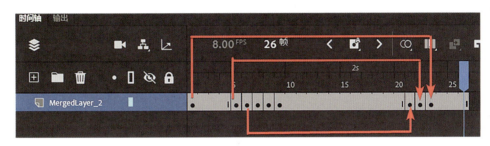

图3-3-28

步骤22　单击菜单"控制＞测试"或按键盘Ctrl+Enter键预览动画，一个角色从举手到放下手的循环动画制作完毕，如图3-3-29所示。后期还可以补间动画的形式再次对本次案例进行修改，如举手后再"招手"的动画，也是可以的。单击菜单"文件＞保存"，保存文件为"举手动画完成"，完成制作效果。

图3-3-29

本章小结

　　本章介绍了时间轴面板图标的含义、帧的类型和作用，以及各种帧的相关操作；结合实际案例，掌握逐帧动画的制作方法。逐帧动画制作所花费的时间是最多的，难度也是最大的，但是许多动画师发现，在实际工作中，逐帧动画制作是一名动画师最常用的技术之一。大多数动画是不能够使用补间动画来完成的，这就需要使用逐帧的方法来制作，而逐帧动画考验使用者的造型能力和对动画运动规律的掌握程度，因此，动画工作者应熟练掌握动画运动规律，多体会动画的运动动作、节奏、运动时间，为制作出高水平的动画作品奠定坚实的基础。

课后作业

　　打开素材文件"手向前指素材.fla"，根据下图所示的两张原画，使用逐帧的方法绘制出中间画，制作成一个完整的抬手指向前方的动画效果。

第四章
元件与库的应用

理论与实践——元件与库的应用

教学内容：

1. 元件。

2. 库。

3. 元件的属性面板。

建议课时： 4课时。

教学目的： 让学生掌握元件、库相关知识；了解元件与库二者之间的关系，并能利用这两个知识点制作动画案例。

教学方式： 讲授法、直观演示法。

学习目标：

1. 了解元件的类型，掌握元件的创建和编辑方法。

2. 掌握三种元件之间的转换方法。

3. 了解库面板。

4. 能使用元件的方法制作动画。

第一节　元件

一　元件概述

　　用 Animate CC 软件制作动画，经常会听到"元件"这个名词，"元件"是 Animate CC 动画中一个重要的基本概念。什么是元件呢？打一个比方，假如一部完整的动画是一辆汽车，那么汽车的发动机、变速箱、车轮就是一个个"元件"，而螺丝、部分配件就可以理解为软件里的"形状""音频""图形"，把这些元件、配件、螺丝装配在一起，就组成一辆完整的汽车。在制作动画的过程中，往往是先制作好单个元件，再加入形状、图片、图形、音频等素材，将其按照一定的方法拼组，就形成了一部动画。元件最大的优点是可以重复使用，相当于是一个可以重复使用的模板，缩小文件的存储空间，节省了时间成本。可以说，元件就是在 Animate CC 中创建的图形、按钮或影片剪辑，可在整个文档或其他文档中重复使用，是 Animate CC 中最基本的元素。元件的小动画可以独立于主动画进行播放，每个元件可由多个独立的元素组合而成，每个元件自动存储在"库"面板里，需要使用时，将该元件从库面板里拖曳出来即可。

二　元件的类型与区别

1. 元件的类型

　　元件的类型有三种，分别是图形元件、影片剪辑元件、按钮元件。

　　（1）图形元件：可以是重复使用的静态图像，并且是可以连接到主影片时间轴上的可重复播放的动画片段，图形元件与影片的时间轴同步运行。

　　（2）影片剪辑元件：可以理解为电影中的小片段，可以完全独立于主场景时间轴并且可以重复播放，可以包含视频和音频影片剪辑元件，可以放在按钮元件的时间轴里，用影片剪辑元件的动画来创建按钮元件。

　　（3）按钮元件：实际上是一个只有4帧的影片剪辑，但是它在时间轴里不能播放，只能根据鼠标指针的动作做出简单交互动画效果，并转到相应的帧、场景等。通过给舞台上的按钮实例添加动作语句而实现 Animate CC 影片强大的交互性，可以创建用于鼠标经过、点击、弹起的动画交互式按钮。

2. 图形元件与影片剪辑元件的区别

　　（1）图形元件被放置在时间轴的图层上，是与此时间轴图层严格同步的，当时间轴图层上的帧结束时，图形元件也会停止播放，而影片剪辑元件不会随着时间轴图层的结束而停止播放，它必须使用动作脚本来停止播放。

　　（2）图形元件可以在属性里设置循环方式，可以设置让图形元件只播放图形一次、循环播放图形、图形播放单个帧、倒放图形一次、反向循环播放图形，如图4-1-1所示。而影片剪辑元件只能从第一张开始，循环播放。如果要让影片剪辑元件实现图形元件一样的播放方式，只能使用动作脚本来实现，所以在制作角色动画时，很多动画师更喜欢使用图形元件。

（3）影片剪辑元件的播放独立于时间轴。假如时间轴图层上只有一个帧，也不会影响影片剪辑元件循环播放动画，但是图形元件就不一样了，如果场景图层中只有一个帧，那么其中的图形元件也只能永远显示图形元件一个帧的画面，并不会播放动画。时间轴图层帧的长度，能够影响和控制图形元件播放的时长。

（4）在老版本 Animate 软件里，只有影片剪辑元件可以设置实例名称，如图 4-1-2 所示，可以在 Action 里用脚本调用与控制该影片剪辑元件，而图形元件则不能设置实例名称。从 Animate CC 2022 版开始，三种元件都可以设置实例名称，如图 4-1-3 所示的图形元件也可以设置实例名称。

图4-1-1

图4-1-2

图4-1-3

（5）影片剪辑元件可以设置模糊、发光、投影等滤镜，以及设置混合模式，而图形元件则无此功能；图形元件有"嘴形同步"，而影片剪辑元件无此功能。可以根据不同的动画选择元件方式。

（6）由于影片剪辑控制任务多，数据结构比图形元件要多，出错率也相对偏高，所以一般建议使用图形元件。

三　元件的创建与编辑

在新建的文档里，单击"菜单>插入>新建元件"，在弹出的窗口里，"名称"的文本框里有默认的元件名称，单击文本框，可以修改该元件的名称。在"类型"的下拉菜单中，可以根据需要选择相应的元件类型：影片剪辑、按钮、图形。设置名称使用默认"元件1"、类型选择"图形"，单击"确定"，如图 4-1-4 所示，此时就新建了一个图形元件，同时库面板里就有一个"元件1"的元件，如图 4-1-5 所示，并且进入元件编辑模式，这时在舞台里绘制图形即在制作元件。

图4-1-4

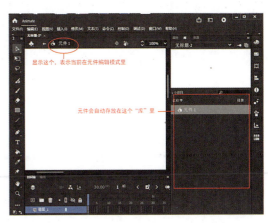
图4-1-5

制作好了元件，点击图4-1-6红圈内的图标，退出元件编辑模式，软件将显示为图4-1-7的图标效果，表示当前已退出元件编辑模式，回到了原来的编辑场景中。

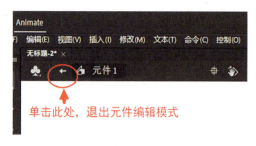
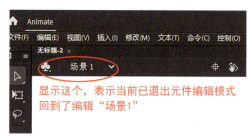

图4-1-6 图4-1-7

退出元件编辑模式后，发现舞台中并没有任何新建的东西，原因是虽然创建了元件，但是元件会自动存入库面板，如果需要使用，在库里单击这个元件不放，拖曳到舞台中即可。元件可以重复使用，因此，同一个元件可以拖曳多次。单击元件、素材，可以在库的预览窗口中预览素材，判断是否是自己所需要的素材、元件，如图4-1-8所示。

如果要重新编辑一个元件，可以在舞台中双击这个元件，或在库面板里双击元件的图标，重新进入元件编辑模式，对元件进行重新编辑，如图4-1-9所示。需要注意的是，一旦重新修改这个元件，舞台中所调用的相同元件全部都会被修改，换言之，改动一个元件的形状、颜色、动画，所有"克隆"的元件都会被更改。

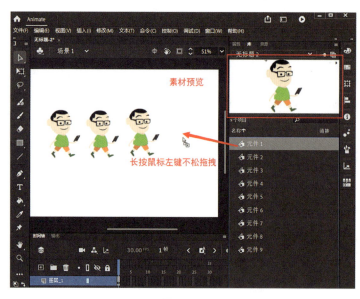

图4-1-8 图4-1-9

在常规的动画工作中，经常会碰到上述问题。而此时，我们只想修改其中一个元件，如何解决？方法是在舞台中，鼠标单击选择要修改的元件，右击鼠标，在弹出的快捷菜单里选择"直接复制元件"（图4-1-10），在弹出的窗口中，可以修改名称，单击"确定"，如图4-1-11所示，此时这个元件已经变成了一个新复制的元件，再双击当前这个新元件编辑，则不会影响先前多次重复使用的元件。

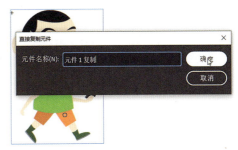

图4-1-10

图4-1-11

先前提到元件的创建方法是从菜单新建元件，其实还有一个很常用的元件创建方法，那就是"转换为元件"的方法。可以先在舞台的场景里绘制好图形、角色等，然后鼠标框选中所有的图形，再单击鼠标右键，如图4-1-12所示，在弹出的快捷菜单中，选择"转换为元件"（快捷键F8），在弹出的窗口中，可以修改名称、元件类型，单击"确定"，如图4-1-13所示。

图4-1-12

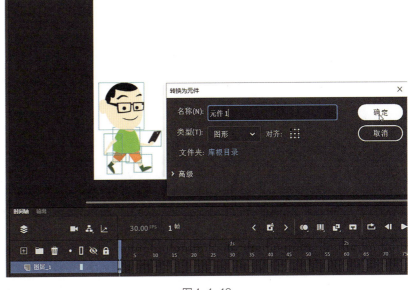

图4-1-13

用这种"转换为元件"的方法创建元件是很方便的，很多动画师喜欢这种转换元件的制作方法，因为直接在舞台里绘制角色时，舞台可以作为参照物，可以决定自己画的角色大小，所画的角色和舞台比例是合适的，如图4-1-14所示。而先从菜单中创建元件再在元件里绘制，这时的舞台是全白色的，没有舞台边界作为参照物，不知道所绘制的角色与舞台的比例，容易出现角色过大或过小的问题，此时需要退出元件编辑模式，回到场景编辑模式里，才能够看到刚绘画的角色与场景的比例关系，如图4-1-15所示。如果角色与舞台比例不合适，需要使用"任意变形工具"来缩放元件调整大小，使角色和场景舞台的比例相适应。

图4-1-14

图4-1-15

转换元件的方法有其优点，也有它的局限性。转换元件只对当前选中的关键帧上的图形、角色进行转换。如果本图层有多个关键帧画面，或有多个图层画面，此种方法将不适用，它无法将不同的帧、不同的层一起转换为元件。

如果前面已经在舞台场景里分图层制作好了动画，且有多个关键帧画面，此时我们想把所有的图层、所有关键帧全部放在同一个元件里，以便多次调用，应该怎么操作呢？

首先，在场景里，先单击选中最上方的图层，按住Shift键不放，再单击最下面一个图层，选择时间轴上所有的图层，在选中的图层上点击鼠标右键，在弹出的快捷菜单中选择"拷贝图层"，如图4-1-16所示。

其次，在菜单上单击"插入＞新建元件"，在弹出的窗口里，"名称"默认，"类型"设置为图形，单击"确定"，此时就新建了一个空白的图形元件。

再次，在图层上单击鼠标右键，在弹出的快捷菜单中选择"粘贴图层"（图4-1-17），就把所有的图层粘贴到元件的图层上了。

最后，点击图4-1-18红色箭头指示的位置返回按钮，返回到场景里，图层转换成元件完成，元件默认是存储在"库"面板里，如有需要，可以直接从库面板里拖曳到舞台中使用。

需要注意，从元件返回到场景的图标有两种：如果新建元件后，想退出元件编辑模式返回到原来的编辑场景中，此时的返回图标如图4-1-19所示；如果场景舞台里已经有了元件，在舞台里鼠标双击此元件进入元件编辑模式，然后想返回到原来的场景中，此时的图标如图4-1-20所示。

图4-1-16

图4-1-17

图4-1-18

图4-1-19

图4-1-20

第二节　库

一　库概述

Animate CC软件的"舞台"可以理解为演员表演的场所，而"库"可以理解为仓库、幕后休息的地方，当前台需要角色表演时，就从"库"里将角色拖曳到前面的舞台来表演。同理，"库"也可以理解为存放元件、位图、音频、视频等文件的仓库，当舞台需要某个元件、位图等素材时，可以从库里将其拖曳到舞台里使用，这样做的最大好处是可以重复使用，节省时间成本和文件空间，使软件运行减少卡顿感。当直接在场景的舞台里绘制素材时，如果要重复使用，只能用复制、粘贴方法，此时文件较大，使计算机运行较慢，而制作成元件自动存储在库里则方便很多。

二　库的图标（图4-2-1）

切换"库"：Animate CC的库是开放性的，可以同时打开多个fla源文件（存储的工程文件），单击该按钮可以切换不同的库，并直接把素材拖曳到舞台里使用。

新建库面板：单击此按钮，可以新建一个库，然后点击"切换库"按钮可以切换不同的库，前提是需要打开多个不同的fla源文件，并直接拖曳到舞台里使用。

预览：在"库"里单击选中元件、位图，可以在"预览"框里即时预览；选中音频、视频，也可以在

"预览"框里点击播放按钮试听音频、视频文件。

新建元件：这里的新建元件按钮的作用和单击菜单"插入＞新建元件"的作用一样。

新建文件夹：单击此按钮可以在库里新建一个文件夹，然后可以把其他文件移动到文件夹里分类管理。

属性：在库里选中一个素材，单击此按钮，在弹出的窗口里，可以修改此素材的类型、名称等，比如最初是图形元件，通过此按钮，可以修改成影片剪辑，反之同理。

删除：在库里选中一个素材，单击此按钮，可直接把此素材删除。

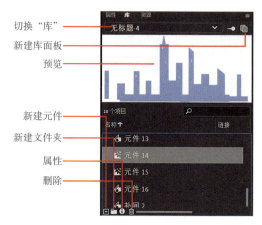

图4-2-1

三　库的使用方法

1. 库素材的导入方法

（1）导入素材到库：单击菜单"文件＞导入＞导入到库"，在弹出的窗口中选中"库导入素材.png"文件，单击"打开"按钮，此时库面板有一个素材，再长按鼠标左键拖曳到舞台里，如图4-2-2所示。

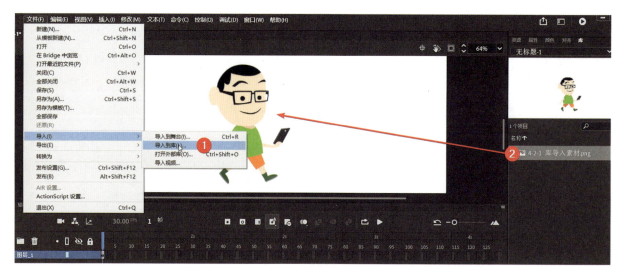

图4-2-2

（2）导入其他源文件素材到库：新建一个空白文档，并打开"导入其他库文件素材.fla"素材源文件，此时 Animate CC 里有两个文件，如图4-2-3中的❶所示，再单击库面板"切换库"到素材源文件的库，如图4-2-3中的❷所示，找到需要的元件，拖入空白文档的舞台中，如图4-2-3中的❸所示，此元件便自动存储在空白文档的库里了。

图4-2-3

2．库素材的管理方法

当制作一部动画片时，库里有很多的元件、位图、音频等，如果不注重管理，当需要寻找一个想要的素材时，将非常困难，因此，一个良好的管理、命名习惯将显得非常重要。第一，要有良好的命名习惯，在导入素材到库、新建元件、转换元件时，都要对其命名，少用默认的名字，便于下次使用与修改；第二，要有新建文件夹并管理素材的习惯，把同一角色、同一镜头的元件素材，放入各自的文件夹，同一角色的各个部位应该有共同的前缀，便于管理；第三，图层的命名、素材的命名与库素材的命名规则应该相似，目的是互相对应，便于寻找，如图4-2-4所示。需要对库素材重命名时，鼠标双击素材，重命名素材；或单击鼠标右键，在弹出的快捷菜单中选择"重命名"。

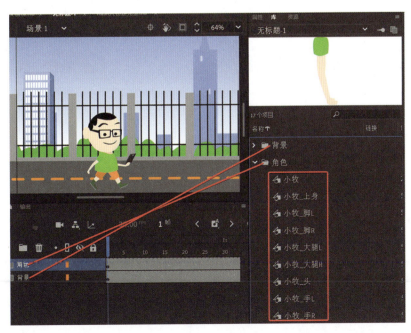

图4-2-4

第三节　元件的属性面板

第一章"初识Animate CC"介绍过文档的属性面板，了解到属性面板是一种动态面板，是Animate CC软件中功能最为丰富的面板，也是使用频率很高的面板之一。在文档的属性面板中，可以设置修改文档的尺寸、舞台颜色、帧速率等属性；对比选择工具、传统画笔工具、线条工具、颜料桶工具被选择时属性面板的变化，其实还是同一个面板，只是属性面板的功能与参数不同。

Animate CC的属性面板功能是非常灵活的，选择不同的素材文件，属性面板的功能与参数也在随之变化，可以通过这些参数的调整做出不同效果的动画。在一般默认情况下，软件的属性面板是开启的，如果没有开启，可以单击菜单的"窗口>属性"（快捷键Ctrl+F3）开启属性面板。

图4-3-1是图形元件的属性面板，图4-3-2是影片剪辑元件的属性面板。

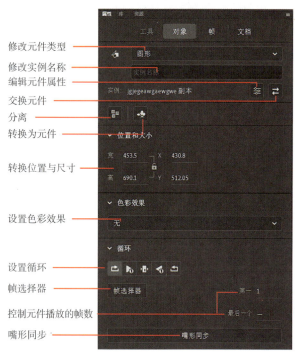

图4-3-1

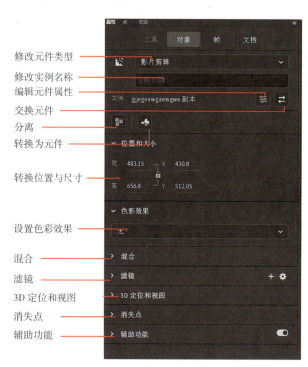

图4-3-2

一　图形元件的属性

在舞台中，单击选中任意"图形元件"，属性面板自动切换为图4-3-1的界面。

修改元件类型：单击此处，可以修改元件类型，如：现在是图形元件，修改成影片剪辑元件。

修改实例名称：默认是空的，单击此处，可以给当前元件取一个实例名称，这个名称的作用是在Action里调用此元件。

编辑元件属性：单击此按钮，在弹出的小窗口中，修改元件的名称、类型。

交换元件：选中舞台中的元件，单击此按钮，在弹出的窗口中选中，替换舞台中的元件。

分离：选中舞台中的元件，单击此按钮，元件由一个整体的元件，分散成多个小的元件，或分散成组、形状等，如图4-3-3所示。

转换为元件：此按钮的作用与本章第一节中转换为元件的作用相同。可将舞台选中的元件再次转换为元件，嵌套元件。

转换位置与尺寸：修改这里的参数，可以修改元件的大小与位置，也可以用"任意变形工具"来修改元件的大小，用"选择工具"来改变位置。

分离前　　　　　　　　分离后

图4-3-3

设置色彩效果：单击此处，可以修改元件图像的相对亮度或暗度，范围是从黑（-100%）到白（100%），色调是用红、绿、蓝三个通道的颜色来调整元件的色彩，Alpha是元件的透明度。

设置循环：可以设置元件的循环、播放一次、播放单个帧、倒放一次、反向循环播放，特别是制作动画时，使用频率很高。其中，循环指按照当前实例占用的帧数来循环包含在该实例内的所有动画序列；播放一次可以指定从某一帧开始播放动画，播放完此元件即停止；播放单个帧可以显示动画的一帧，即指定要显示的帧。

帧选择器：设置帧的播放，从某一帧开始播放，或播放单个帧时，将某个帧作为单帧显示，可以在"控制元件的播放帧数"里修改，也可以使用帧选择器进行选择，在这里选择的优点是能够看到帧的图像，更容易选择。

嘴形同步：嘴形同步是根据所选音频层在时间轴上更轻松、快速地匹配合适的嘴形。先创建图形元件，并在元件内绘制嘴形，再选中该图形元件，单击"嘴形同步"，计算机会自动分析指定的音频图层，根据音频发音将嘴形匹配在不同的位置，并自动创建关键帧。完成后，可以根据需要，使用帧选择器进行调整，这是Animate CC软件新增加的功能。

二 影片剪辑的属性

在舞台中，单击选中任意"影片剪辑元件"，此时的属性面板变为影片剪辑的属性面板，如图4-3-2所示，对比图形元件的属性面板（图4-3-1），大部分都是一样的，用法也一样，只是少了几个属性，同时多了下列几个属性。

混合：两个或两个以上的影片剪辑元件，通过使用属性的混合模式，可以产生混合重叠影片剪辑中的颜色，从而创造独特的效果。Animate CC软件提供了14种混合方式，类似于Photoshop的图层混合效果，但是在Animate CC软件中的混合，只有影片剪辑元件和按钮元件的属性才有此功能，图4-3-4中是不同混合模式的效果。

图4-3-4

滤镜：Animate CC 软件提供了投影、模糊、发光、斜角等滤镜效果，滤镜可以添加更加丰富的视觉效果，类似于photoshop软件的滤镜，不同的是 Animate CC 软件的滤镜还可以使用补间动画，制作滤镜动画。然而，本软件的滤镜只能针对影片剪辑元件、按钮元件、文本三种。

3D定位和视图：除了提供x、y轴的外置坐标调整外，还提供了z轴坐标调整。

辅助功能：可以为影片剪辑元件或整个文档设置辅助功能，如名称、描述等，设置后，这些辅助功能信息会传送给屏幕阅读器，以方便视力受损的用户阅读。

本章小结

本章介绍了三种"元件"类型的创建方法和作用，以及"库"的详细使用方法。这些知识点在 Animate CC 软件里制作动画会经常使用到，读者应区别三种元件的使用场景。

在动画制作过程中，常用的元件类型是"图形元件"，因为此类型元件可以在属性面板控制元件的循环方式，特别适合制作角色动画，以控制角色的嘴巴和眼睛。特别需要注意的是，制作元件时一定要养成命名的习惯，方便在库面板里寻找制作的元件。

课后作业

分别在两个文档里各制作一个图形元件、影片剪辑元件，并在元件里制作一个球体从左往右运动的动画，单击Ctrl+Enter预览动画，观察这两种动画的区别。

第五章
补间的原理与应用

理论与实践——补间的原理与应用

教学内容：

1. 传统补间。

2. 补间动画。

3. 补间形状。

建议课时： 4课时。

教学目的： 让学生了解补间动画的种类；掌握补间动画的原理和使用场景，并能在制作动画时选用合适的补间类型；能将多种补间动画功能结合使用。

教学方式： 讲授法、直观演示法。

学习目标：

1. 了解传统补间、补间动画、补间形状的原理和用法。

2. 理解不同补间形式各自能制作的补间类型。

3. 能使用补间的形式制作MG动画。

在第三章里学习了逐帧动画的制作方法，逐帧动画里角色的运动需要一帧一帧地绘制，动画的流畅与否，与动画师在1秒内绘制的帧数有着密切关系。在传统的二维动画制作中，通常是按24FPS来制作，如果以1拍1（1张画面拍1次，即1张1帧）来绘制的话，1秒就要绘制24帧，即24张画面。当然也可以1拍2、1拍3的方式来制作动画，那1秒也要12张画面、8张画面，工作量大，时间成本很高。当然，有些复杂的二维动画里，也只能使用这种"逐帧"的方法来制作。然而，一些简单的位置移动动画也使用逐帧的方式来制作的话就显得没有必要，因为Animate CC软件为我们提供了更加方便的"补间动画"来完成这种简单的动画。软件能够自动生成这种简单动画的过渡画面。

在Animate CC动画中，当在两个关键帧中间需要加过渡"逐帧"才能实现动画运动时，若这种过渡"逐帧"运动是由Animate CC软件在两个关键帧之间自动计算而得到的，那么这种动画我们称为补间动画。Animate CC 2023提供了三种补间动画，即传统补间、补间动画、补间形状，它们可以制作位置移动动画、旋转动画、色彩动画、形状动画等多种动画形式。

第一节　传统补间

一　传统补间的基本原理

传统补间可以设置元件的属性，对于同一元件的两个关键帧，前一关键帧与后一个关键帧的位置不同，即可以生成位置移动动画；大小不同，可以生成大小缩放动画；亮度、色彩不同，可以生成色彩变化动画；透明度不同，可以设置透明度动画；形状不同，可以生成变形动画；在补间的属性面板调整旋转方向、次数，可以制作旋转动画。它们有一个共同的条件：必须是同一个元件的两个关键帧。

黑色圆点表示一个关键帧，关键帧后面的浅灰色帧是此关键帧延续的帧，也是普通帧，与关键帧的内容相同，整个范围的最后一帧还有一个实心黑色小矩形，如图5-1-1所示。虚线表示传统补间是刚创建的，或缺少最后的关键帧，或补间有错误，如图5-1-2所示。若两个关键帧由一个黑色箭头连接，则表示传统补间创建成功，如图5-1-3所示。

图5-1-1

图5-1-2

图5-1-3

二　传统补间小实例

1. 传统补间小实例：篮球位置移动动画及其色彩效果

以下实例主要介绍使用传统补间动画的位置移动动画及色彩效果的基础性用法。

（1）篮球移动动画。

步骤1 单击菜单"文件>打开"，在素材源文件目录文件夹中，打开文件"篮球素材.fla"，时间轴上有一个关键帧，舞台里有一个篮球。

步骤2 选择篮球，单击"菜单>修改>转换为元件"，类型图形元件，单击"确定"，将篮球转化为图形元件；并把篮球移出画框左边，同时在第30帧处插入帧，如图5-1-4所示。

步骤3 在任意帧上，单击菜单"插入>创建传统补间"，时间轴图层变为如图5-1-5所示的虚线效果。

步骤4 在最后第30帧处单击"菜单>插入>时间轴>关键帧"插入关键帧，并将球移出画框以外，如图5-1-6所示。

图5-1-4 图5-1-5 图5-1-6

步骤5 单击菜单"控制>测试"或按快捷键Ctrl+Enter预览动画，得到了一个篮球从左往右的运动动画；单击菜单"文件>另存为"，保存文件"篮球移动动画.fla"，完成全部效果。

（2）篮球颜色变换与透明动画。

步骤1 单击菜单"文件>打开"，打开"篮球移动动画.fla"文件。

步骤2 在第15帧位置，单击"菜单>插入>时间轴>关键帧"插入关键帧，如图5-1-7所示。

步骤3 将播放头放在第15帧，选中舞台里的篮球，在元件的属性面板中调整色调，参数如图5-1-8所示，篮球的颜色变为如图5-1-9所示的红色。

图5-1-7 图5-1-8 图5-1-9

步骤4 将播放头放在第30帧，选中图5-1-10中舞台里的篮球，在元件的属性面板中调整色彩效果，选择Alpha的值为0（图5-1-11），调整到舞台中的篮球呈现透明，如图5-1-12所示。

步骤5 单击菜单"控制>测试"或按Ctrl+Enter键预览动画，篮球从左往右运动的同时，也呈现了由黄色→红色→透明的色彩效果，最终效果如图5-1-13所示；单击菜单"文件>另存为"，保存文件

"篮球颜色变换与透明动画.fla"，完成全部效果。

图5-1-10   图5-1-11   图5-1-12

图5-1-13

2. 传统补间小实例：篮球旋转动画

步骤1　单击菜单"文件>打开"，打开"篮球移动动画.fla"文件。

步骤2　此时的动画是一个篮球的位置移动动画，要制作篮球边移动边旋转的动画，可以接着上面的案例继续制作。鼠标单击选中图层上任意一帧，在传统补间的属性面板中，旋转设置为"顺时针"，旋转次数修改为2，如图5-1-14所示。

步骤3　单击菜单"控制>测试"或按Ctrl+Enter键预览动画，篮球从左往右运动的同时也在转圈运动，动画效果如图5-1-15所示；单击菜单"文件>另存为"，保存文件"篮球旋转动画.fla"，完成全部效果。

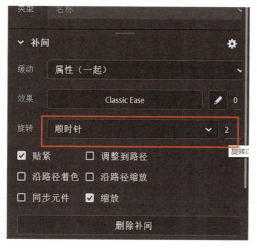

图5-1-14

图5-1-15

3. 传统补间小实例：篮球缩放动画

本实例主要介绍使用传统补间动画的大小缩放动画。

步骤1 单击菜单"文件 > 打开"，在素材源文件目录文件夹，打开文件"篮球素材.fla"。

步骤2 选择篮球，单击"菜单 > 修改 > 转换为元件"，类选择型图形元件，单击"确定"，将篮球转化为图形元件，同时在第30帧处插入帧。

步骤3 在任意帧上，单击菜单"插入 > 创建传统补间"，在最后第30帧处单击"菜单 > 插入 > 时间轴 > 关键帧"插入关键帧，如图5-1-16所示。

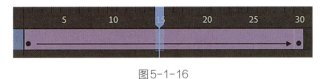

图5-1-16

步骤4 将播放头移动到第1个关键帧处，使用"任意变形工具"，按住Shift键不放，点击鼠标左键将篮球缩小至如图5-1-17所示的效果，再将播放头移动到第30个关键帧处，放大至如图5-1-18所示的大小。

图5-1-17

图5-1-18

步骤5 单击菜单"控制 > 测试"（Ctrl+Enter）预览，篮球从小变大的动画效果如图5-1-19所示；单击菜单"文件 > 另存为"，保存文件"篮球缩放动画.fla"，完成全部效果。

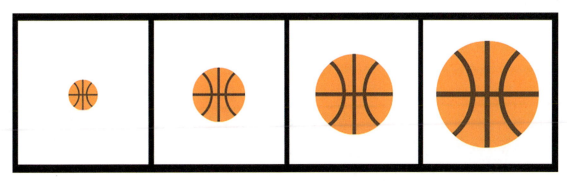

图5-1-19

第二节　补间动画

一　补间动画的基本原理

补间动画是Animate CC软件后来新增的一种动画方式，这种动画方式和传统补间相比，在制作方法上要更简单、方便，两种补间的动画类型有高度的相似性，也是通过第1帧和最后1帧之间属性的不同来创建动画，属性如位置、大小、颜色、效果、滤镜、变形、路径、缓动、旋转等。在时间轴上插入补间动画后，改变元件的位置等属性时，能够自动生成关键帧。补间动画整个补间只能包含一个元件或文本，文本类型不需要转化为元件，也可以直接补间。补间动画范围中不能使用帧脚本，每个关键帧都有自己的属性，补间动画范围被视为单个对象，且可以自定义为动画预设，方便快速制作动画。另外，补间动画的一大特色是可以直接制作路径动画。

图层上出现黄色，表示补间动画创建成功。图5-2-1中的❶黑色圆点表示一个有元件或文本的关键帧，❷小图标表示的是其他属性关键帧。图5-2-2中的第1个关键帧是空心圆，表示关键帧上的元件已经被删除，但是其他属性的关键帧还存在，可以拉入其他元件到舞台，能够继续这个属性动画，动画的方式和原来一样，只是元件不同。

图5-2-1

图5-2-2

1. 补间动画小实例：车轮位置移动与路径动画

本实例主要介绍使用补间动画的位置移动、路径调节的基础性用法。

步骤1　单击菜单"文件>打开"，在素材源文件目录文件夹，打开文件"车轮.fla"，时间轴上有1个关键帧，舞台有一个车轮。

步骤2　选择车轮，鼠标右键，在弹出的快捷菜单中选择"转换为元件"，元件类型选择影片剪辑，单击"确定"，将车轮转化为影片剪辑元件；把车轮移出画框左边，同时在第24帧处插入帧。

步骤3　在图层的任意帧上，点击鼠标右键，在弹出的快捷菜单中选择"创建补间动画"，此时帧的颜色变成黄色，如图5-2-3所示。

步骤4　将播放头移动到最后一帧（第24帧）处，将舞台中的车轮移至画框右外，此时舞台中自动生成一条路径，最后一帧自动添加了一个属性关键帧的黑点，如图5-2-4所示，预览动画看到，车轮从左往右的直线运动效果制作完毕。

步骤5　使用"部分选取工具"调整舞台里的路径位置，"转换锚点工具"调整贝塞尔曲线的弧形到如图5-2-5所示的效果。

　　步骤6　单击菜单"控制＞测试"或快捷键Ctrl+Enter预览，车轮从左往右的路径动画效果制作完毕，如图5-2-6所示。单击菜单"文件＞另存为"，保存文件"车轮位置移动与路径动画.fla"。

图5-2-3

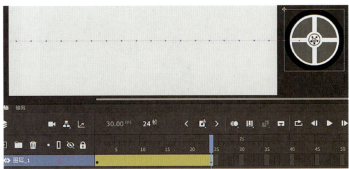

图5-2-4

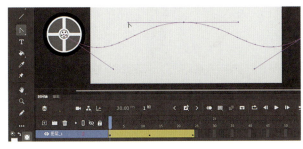

图5-2-5

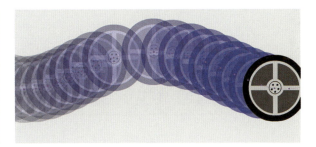

图5-2-6

2. 补间动画小实例：车轮旋转与颜色动画

本实例主要学习补间动画的旋转动画、颜色动画的基础性用法。

　　步骤1　单击菜单"文件＞打开"，打开文件"车轮.fla"素材源文件；按本节案例（一）"车轮位置移动与路径动画"的方法，将影片转为影片剪辑元件，并把车轮移出画框左边，同时在第24帧处插入帧。

　　步骤2　在图层的任意帧上点击鼠标右键，在弹出的快捷菜单中选择"创建补间动画"。

　　步骤3　将播放头移动到最后第24帧处，将舞台中的车轮移至画框右外，此时舞台中自动生成一条路径，最后一帧自动添加了一个属性关键帧的黑点，预览动画看到，车轮从左往右的直线运动效果制作完毕。

　　步骤4　鼠标单击选中图层上任意一帧，在传统补间的属性面板中，旋转设置为"顺时针"，旋转次数修改为3（图5-2-7），此时预览动画，车轮的旋转动画制作完毕。

　　步骤5　在第8帧上单击鼠标右键，在弹出的快捷菜单中选择"插入关键帧＞颜色/全部"，选中舞台里的轮胎，在属性面板中修改色彩效果的色调到如图5-2-8所示的绿色，将播放头移动到第15帧，直接在舞台中选中车轮，在属性面板中修改色彩效果的色调为红色，时间轴上自动生成一个属性关键帧。

　　步骤6　拖动播放头预览动画，可以看到轮胎由绿色到红色的运动动画完成，如图5-2-9所示，单击菜单"文件＞另存为"，保存文件"车轮旋转与颜色动画.fla"。

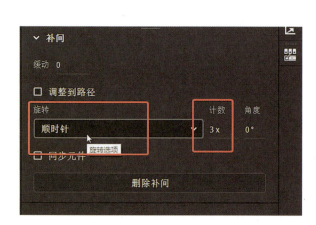

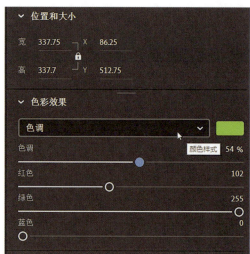

图5-2-7   图5-2-8

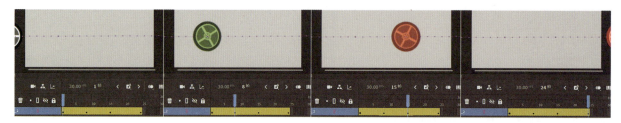

图5-2-9

3. 补间动画小实例：车轮缩放、滤镜、透明动画

本实例主要介绍使用补间动画的大小缩放动画、滤镜动画、透明动画的基础性用法，当然其他属性动画也是同样的做法，可以举一反三。

步骤1 单击菜单"文件＞打开"，打开文件"车轮.fla"素材源文件；按上面方法将影片转为影片剪辑元件，在第35帧处插入帧。

步骤2 在图层的任意帧上，单击鼠标右键，在弹出的快捷菜单中选择"创建补间动画"。

步骤3 将播放头移动到第8帧、16帧处，分别单击鼠标右键，在弹出的快捷菜单中选择"插入关键帧＞全部"插入关键帧。

步骤4 将播放头移动到第1帧，使用"任意变形工具"，将车轮缩小。将播放头移动到第23帧处，选中车轮，在属性面板中，在滤镜里单击"+"，添加模糊滤镜，设置值为60，如图5-2-10所示；设置后软件会自动在图层上添加属性关键帧，拉动播放头发现，模糊是从第1帧就开始模糊了，若想从第16帧开始模糊，应将播放头移动到第16帧处，将模糊值改为0，如图5-2-11所示，这里模糊是从第16帧开始到最后一帧的模糊动画。其他滤镜效果也可以添加，得到不一样的效果。

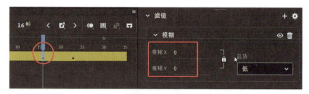

图5-2-10   图5-2-11

步骤5 再将播放头移动到第23帧处,将车轮拉出画框右外;同时单击选中车轮,在属性面板修改"色彩效果>Alpha"的值为0,如图5-2-12所示;拉动播放头观察发现,透明是从第1帧开始的,应该修改透明从第16帧开始,所以在第16帧画面上单击选中车轮,在属性面板中修改"色彩效果>Alpha"的值为100%,如图5-2-13所示,此时车轮的透明动画是从第16帧开始到最后一帧,完成动画制作。

图5-2-12   图5-2-13

步骤6 单击菜单"控制>测试"或按快捷键Ctrl+Enter预览动画,此时轮胎先在原地由小到大,停顿一会儿,在模糊的同时变透明、移出画外,如图5-2-14所示。单击菜单"文件>另存为",保存文件"车轮缩放、滤镜、透明动画.fla"。

图5-2-14

二、实训案例:拍篮球动画

本小节通过拍篮球的动画案例,学习补间动画的创建方法,以及缓动、变形属性的调整方法,最终效果如图5-2-15所示。

扫码见视频教程

图5-2-15

步骤1 单击菜单"文件＞打开"，打开文件"拍篮球素材.fla"素材源文件。

步骤2 分析文件，小朋友整体是一个组，双击组进入组的编辑模式，角色的每个关节是单独的组，即分开绘制的关节。选中所有的分组，鼠标右键剪切，单击"场景1"退出组的编辑模式，在场景1里新建一个图层，在舞台中鼠标右键粘贴在舞台里，如图5-2-16所示，然后删除空图层"图层_1"。

步骤3 将篮球、手、手臂、头与身体其他部分分别点击鼠标右键"转化为元件"，并为每个元件命名。选择所有元件，鼠标右键选择"分散到图层"命令，如图5-2-17所示，将所有元件分散到图层，即每个图层一个元件，如图5-2-18所示。制作补间动画时，运动的元件和不动的元件必须在不同的图层。

| 图5-2-16 | 图5-2-17 | 图5-2-18 |

步骤4 在第20帧处，在每个图层都点击鼠标右键，在弹出的快捷菜单中"插入帧"，在篮球图层的第20帧处点击鼠标右键，在弹出的快捷菜单中选择"插入关键帧＞全部"，如图5-2-19所示。将播放头移动到第11帧处，将篮球拉下来，篮球图层的第11帧处自动添加了属性关键帧，如图5-2-20所示。此时拉动播放头，篮球上下弹跳的动画完成。

| 图5-2-19 | 图5-2-20 |

步骤5　篮球虽然已经上下运动，但是其运动效果与日常习惯的视觉效果不符，这是因为没有添加"缓动"。受重力的影响，物体从空中落下是加速度，从地面弹起是减速度，这是力学属性，而篮球此时只是匀速运动，所以需要添加"缓动"。如果直接在篮球补间的属性面板中添加缓动，它是针对整个补间的缓动，无法达到预期效果。补间动画有一个黑圆点，即视动画为一个整体，所以需要将这一段动作拆分成两段动作，分别加入缓动。选择篮球图层的第11帧，右键选择"拆分动画"，如图5-2-21所示，此时篮球图层有如图5-2-22所示的两个黑圆点，表示是两段不同的动画，互不隶属、独自存在。

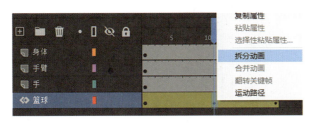 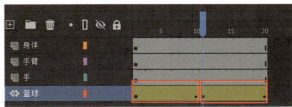

图5-2-21　　　　　　　　　　　　　　　　　图5-2-22

步骤6　选中第1段动画中的任意帧，在补间的属性面板中修改缓动值为"-100"，如图5-2-23所示；选中第2段动画中的任意帧，在补间的属性面板中修改缓动值为"100"，如图5-2-24所示，此时预览篮球动画，运动符合运动规律原理。

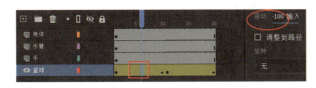 

图5-2-23　　　　　　　　　　　　　　　　　图5-2-24

步骤7　分别在手和手臂图层的任意帧上点击鼠标右键，创建"补间动画"，并使用"任意变形工具"，将前臂的轴心点调整到如图5-2-25所示的位置，将带袖子的手臂轴心点调整到如图5-2-26所示的位置，值得注意的是，补间动画的轴心点必须先调整。

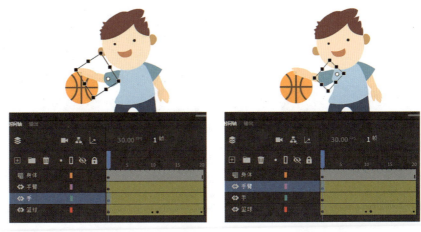

图5-2-25　　　　　　　　　　　　　　　　　图5-2-26

步骤8　在手和手臂图层的第20帧处点击鼠标右键，在弹出的快捷菜单中"插入关键帧＞全部"，目的是第1帧和最后1帧动画相同。将播放头移动到第11帧处，使用"任意变形工具"调整手和手臂到如

图5-2-27所示的位置，手和手臂图层的第11帧处自动添加了属性关键帧。此时拉动播放头，手和手臂动画完成。

　　步骤9　用同样的方法，在第20帧插入"全部"关键帧，将播放头移动到第11帧处，使用"任意变形工具"，按住键盘Alt键不松，变形身体的形状如图5-2-28所示的形状，此时图层的第11帧处自动添加了属性关键帧，适当下移手与手臂的位置（变形时按住Alt键，能够保持脚的位置作为变形的起点）。

图5-2-27　　　　　　　　　　　　　　　图5-2-28

　　步骤10　在时间轴里新建一个图层，放在最下层，双击图层名称并修改图层名为"背景"，将播放头放在第1帧，从库里将"篮球背景"拖入舞台中，放在背景层上。

　　步骤11　新建图层（图层_8），放在篮球图层下方，并将播放头移动到第1帧，用"椭圆工具"绘制出如图5-2-29所示的篮球投影，将投影转化为元件，在元件属性面板中修改模糊、Alpha的值，使投影更加真实，如图5-2-30所示。

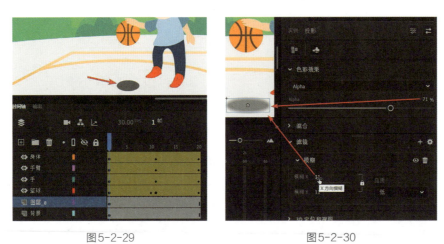

图5-2-29　　　　　　　　　　　　　　　图5-2-30

　　步骤12　在篮球投影图层的帧上进行创建补间动画、插入关键帧等操作，在第11帧使用"任意变形工具"将投影变小，如图5-2-31所示，制作出投影在球着地时变小、球弹起时变大的动画。

步骤13 新建图层（图层_9）放在篮球投影图层下方，将播放头移动到第1帧，将库里的篮球"投影"元件拖到图层上，放置在人物的脚下方，使用"任意变形工具"将投影调至合适大小、合适方向，并在元件属性面板中修改模糊、Alpha的值，制作出如图5-2-32所示的人物的投影。

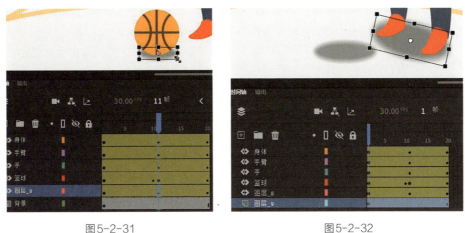

图5-2-31　　　　　　　　　　　　图5-2-32

步骤14 单击菜单"控制＞测试"预览动画；单击菜单"文件＞另存为"，保存文件"拍篮球完成.fla"，完成全部效果。

第三节　补间形状

一　补间形状的基本原理

在Animate CC软件中，传统补间、补间动画的动画形式有一个共同的特点，即前后两个关键帧中间必须有一个共同的元件或文本，这就决定了这两种补间只能做位移、缩放、变形、旋转等类型的动画，而不能做外形的改变，比如从A→B的动画，孙悟空变成牛魔王、牛魔王变成猪八戒这种类型的动画是无法做到的。那么从A到B的动画如何实现呢？主要有两种方法，第一种方法是用逐帧动画来绘制，其实很多优秀动画都是用逐帧来制作的，这也是二维动画制作的最高级的技能；第二种方法就是使用补间形状的方法来制作，补间形状可以做A→B的动画形式，但是补间形状仅限于制作一些简单的动画形式，当高级的计算机软件还是无法实现时，就只能使用逐帧动画了。

在Animate CC软件中创建补间形状的方法是，在时间轴的第1个空白关键帧上绘制一个矢量形状，然后隔几个帧再创建一个空白关键帧，在其上绘制另一个形状，然后在这两个关键帧之间的帧上插入补间形状，即得到一个形状到另一个形状的变化动画效果。补间形状动画能够制作形状的位置移动、外形、颜色的变化动画。补间形状的对象只能是形状，而不能是元件、组、文本、位图等素材，如果要使用这些类型的素材，需要选择此文件，单击菜单"修改＞分离"命令，对素材打散分离，使它变成形状，才可以应用补间形状。

例如，在第1个关键帧上绘制形状，在第24帧上点击鼠标右键，在弹出的快捷菜单上选择"插入帧"（或单击菜单"插入＞时间轴＞帧"），单击选中任意帧右键，在弹出的快捷菜单中选择"创建补间形状"（或单击菜单"插入＞创建补间形状"），此时帧变成如图5-3-1所示的黄色底和黑色虚线，表示补间还没有完成，在最后一个帧上单击菜单"插入＞时间轴＞插入空白关键帧"，在舞台上绘制图形，此时，时间轴图层上出现两个黑色点的关键帧，中间有一个黑色箭头，表现补间形状创建成功（图5-3-2），预览舞台动画，即已实现了从A到B的动画形式。

图5-3-1

图5-3-2

二 补间形状小实例：方形→圆形的位移、形状、颜色变化

本实例主要介绍使用补间形状的位置移动、形状与颜色的变化动画的基础性用法。

步骤1 新建文档，选择"角色动画"，选择"高清1280×720"，其他参数默认；使用"多角星形工具"，属性参数设置为如图5-3-3所示的"多边形"样式，填充颜色为绿色，在第1帧上绘制五边形，并在第14帧上单击菜单"插入＞时间轴＞帧"，如图5-3-4所示。

步骤2 在第14帧上，单击菜单"插入＞时间轴＞插入空白帧"，并开启"绘图纸外观"，将绘图纸外观设置到如图5-3-5所示的范围；使用"多角星形工具"，在属性面板中修改样式为如图5-3-6所示的"星形"，填充颜色为红色，在第14帧的空白关键帧上绘制星形，如图5-3-7所示。

步骤3 同时选择如图5-3-8所示的多个帧，包括最后1个关键帧，点击鼠标右键，在弹出的快捷菜单中选择"创建补间形状"，五边形到星形的变化效果完成。

步骤4 在第20帧处插入关键帧，把播放头移动到第20帧位置上，将五角星向右拉出如图5-3-9所

图5-3-3

图5-3-4　　　　图5-3-5

图5-3-6

示的画框外，同时修改如图5-3-10所示的属性面板透明度Alpha的值为0，此时五角星移出画框并且透明的动画效果完成。

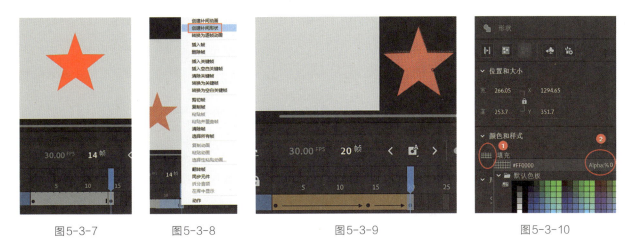

图5-3-7　　　　　　图5-3-8　　　　　　　　图5-3-9　　　　　　　　　图5-3-10

步骤5　单击菜单"控制＞测试"（Ctrl+Enter）预览动画，一个五边形变为星形，同时颜色由绿色变为红色，然后星形往右移出画框，同时透明的效果完成，如图5-3-11所示。单击菜单"文件＞另存为"，保存文件"五边形变星形位移透明动画.fla"。

图5-3-11

三　实训案例：补间形状制作MG入场动画

本小节通过MG动画（详见第九章"MG动画"）案例，学习补间形状的位移、变形、缓动在MG动画里的应用方法，最终效果如图5-3-12所示。

扫码见视频教程

图5-3-12

步骤 1 单击菜单"文件 > 打开"，打开文件"补间形状制作 MG 入场动画素材 .fla"。

步骤 2 新建一个图层，双击图层名称重命名为"背景"，使用"线条工具"在新图层上绘制背景并用"颜料桶工具"填充颜色，如图 5-3-13 所示；双击边线，按键盘 Delete 键删除边线后，将背景图层移动至最下层。

步骤 3 新建一个图层，双击图层名称重命名为"桌_1"，选择"线条工具"，在属性面板中修改笔触大小为 20，笔触颜色为黑色，在舞台中画出直线，如图 5-3-14 所示。

步骤 4 再新建一个图层，双击图层名称重命名为"桌_2"，选择"矩形工具"，在属性面板中修改笔触颜色为空，填充颜色为黑色，在舞台中画出长方形色块，如图 5-3-15 所示。

图 5-3-13　　　　　　　　　　图 5-3-14　　　　　　　　　　图 5-3-15

步骤 5 用同样的方法，新建图层、重命名，选择"矩形工具"画出桌子的其他部分，如图 5-3-16 所示。

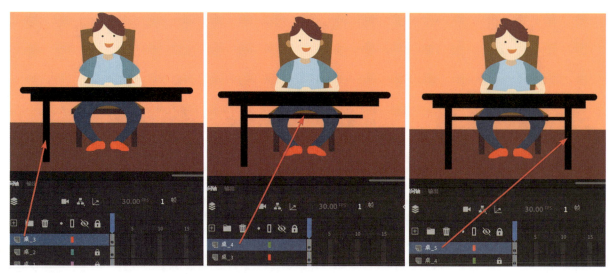

图 5-3-16

步骤 6 在椅子图层的第 8、第 13、第 17 帧分别插入关键帧，并选择如图 5-3-17 所示的多个帧，点击鼠标右键"创建补间形状"，补间形状创建完成。将其他图层加"锁"，防止误操作，如有需要可以适时解锁。将播放头移动至第1帧处，将舞台的椅子移出如图5-3-18所示的画框下方；将播放头移动到第8帧的关键帧处，选中舞台里的椅子，按10次键盘向上键，将椅子往上移动；将播放头移动到第13帧的关键帧处，选中舞台里的椅子，按5次键盘向下键，将椅子往下移动；拉动播放头预览动画，椅子从画外的下方到舞台中间的弹簧风格的MG动画制作完成。

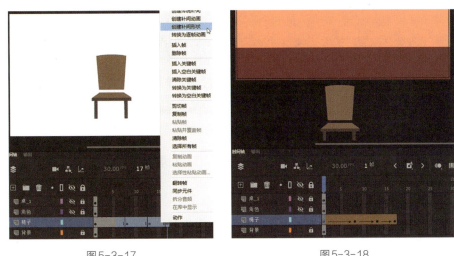

图5-3-17　　　　　　　　　　图5-3-18

步骤7　将角色层解锁，其他层上锁，防止误操作。鼠标单击选中角色图层的第1帧，将关键帧1拖到第17帧处，此时1～16帧是空白帧，如图5-3-19所示。

图5-3-19

步骤8　将角色层解锁，其他层上锁，防止误操作。在角色图层的第25、第30、第35帧分别插入关键帧，并选择多个帧，鼠标右键"创建补间形状"，补间形状创建完成。将播放头移动至第17帧处，将舞台的角色人物移至如图5-3-20所示的画框下方；将播放头移动到第25帧的关键帧处，选中舞台里的角色，按10次键盘向上键，将角色人物往上移动；将播放头移动到第30帧的关键帧处，选中舞台里的角色，按5次键盘向下键，将角色人物往下移动；拉动播放头预览动画，角色人物从画外的下方到舞台中间的弹簧风格制作完毕，如图5-3-21所示。

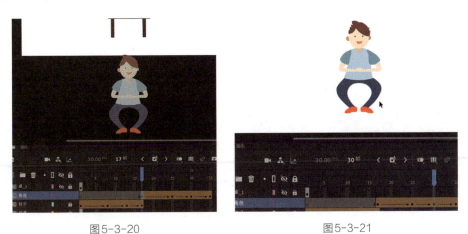

图5-3-20　　　　　　　　　　图5-3-21

步骤9 用步骤7、步骤8同样的方法，将桌子面的帧移动至如图5-3-22所示的第35帧处，制作桌面往上移动的弹簧MG动画完成，如图5-3-23所示。

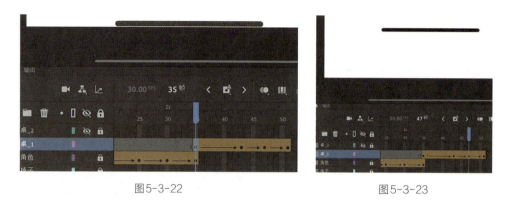

图5-3-22　　　　　　　　　　　　　图5-3-23

步骤10 用步骤7同样的方法，将"桌_2"图层的第1个关键帧移动到第51帧处。在第60帧插入关键帧，选中帧、右键创建补间形状，并用"选择工具"框选如图5-3-24所示的一部分线段，留一小部分，其余按键盘Delete键删除，得到如图5-3-25所示的效果，拉动播放头预览动画，此横梁线条从左往右的伸长动画制作完毕。

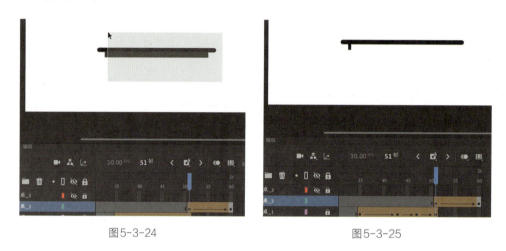

图5-3-24　　　　　　　　　　　　　图5-3-25

步骤11 用上述同样的方法，在"桌_3""桌_4""桌_5"图层上分别制作出左桌腿、横梁、右桌腿的生长动画，如图5-3-26所示。

图5-3-26

步骤12 在第130帧处，用鼠标左键从上到下选中如图5-3-27所示的所有帧，点击鼠标右键，在弹出的快捷菜单上选择"插入帧"，补齐所有图层帧，使所有图层在第130帧结束，如有未完成的补间，删除即可，如图5-3-28所示。

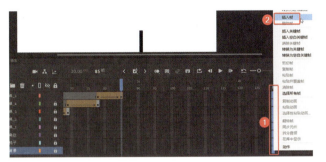 

图5-3-27　　　　　　　　　　　　　　　　　　图5-3-28

步骤13 对"椅子""角色""桌_1"图层的补间依次添加缓动。多选补间上的帧，单击补间属性面板，修改"缓动>效果>No Ease>Ease In Out"，双击"Cubic"，应用缓动，得到两头慢、中间快的变速缓动效果，如图5-3-29所示。

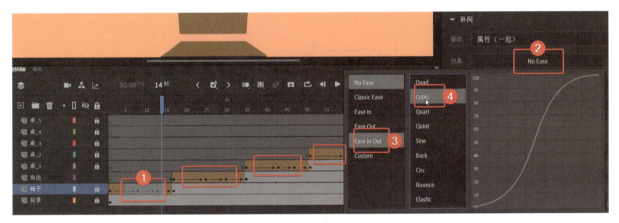

图5-3-29

步骤14 单击菜单"控制>测试"或按快捷键Ctrl+Enter预览动画，一个当前较流行的MG动画效果制作完成，如图5-3-30所示。单击菜单"文件>另存为"，保存文件"补间形状制作MG入场动画完成.fla"。

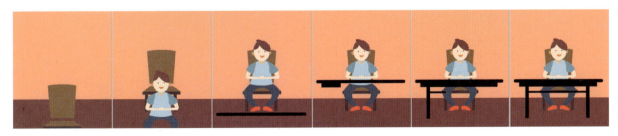

图5-3-30

本章小结

本章详细介绍了 Animate CC 软件中的传统补间、补间动画、补间形状，并通过案例的应用来学习三种补间各自的特点和使用场景。这三种补间动画中较为常用的是传统补间动画；补间动画是 Adobe 公司后来新加的功能，最大的特点是可以自定义动画预设，特别适合制作 MG 动画；补间形状适合制作一些简单外形改变的动画。一些动画师因为最早接触的是传统补间这种方式，直到现在，这种动画补间还是受到很多动画师的青睐。

本章列举了多个小实例，目的是通过这些实例掌握颜色变换动画、旋转动画、缩放动画和位移、滤镜动画的使用方法，让读者了解在什么时候选择何种补间类型。补间是 Animate CC 软件的一大特点和长处，让动画师能够节省大量的时间成本，是非常重要的基础内容。

课后作业

用补间动画的方法，绘制出小汽车从舞台的左外入场，然后在舞台中停车，再启动往舞台右边出场，中途可以添加缓动效果。

第六章
路径引导动画与遮罩动画

理论与实践——路径引导动画与遮罩动画

教学内容：

1. 路径引导动画。

2. 遮罩动画。

3. 实训案例：眨眼动画。

建议课时： 4课时。

教学目的： 让学生掌握路径引导动画和遮罩动画的基本原理，了解其动画属性，并能根据基本原理举一反三制作出其他的动画案例；能够适应工作环境和达到工作要求。

教学方式： 讲授法、直观演示法。

学习目标：

1. 掌握路径动画和遮罩动画的基本原理。

2. 掌握引导动画的加速度与减速度的处理方法。

3. 了解遮罩的应用场景。

图层有五种不同的类型，即一般层、遮罩层、被遮罩层、文件夹和引导层。之前的学习内容主要围绕图层在绘制过程中的应用，本章将要着重介绍路径引导层、遮罩层和被遮罩层在动画制作方面的使用方法。

第一节　路径引导动画

一　路径引导动画的基本原理

"引导层"，顾名思义，就是"引导"物体运动轨迹的图层。

一般情况下，需要使用线条在引导层中绘制物体的运动轨迹，再将其他图层中的物体绑定在该线条上，调节动画后，物体就会沿着这条轨迹运动。此外，可以使用工具栏中的宽度工具，调节不同位置的线条宽度，被引导的物体可以随着线条的粗细而改变大小，线条的颜色可以调整，被引导的物体也可以随着线条的颜色变化而改变自身的颜色。

添加路径引导动画的方法：下层是一个要动的图层，上层是一个线条层，在上图层单击鼠标右键，在弹出的快捷菜单中选择"引导层"（图6-1-1）。添加成功后，上层的图标如图6-1-2所示，然后用鼠标左键点击下层不松，拖到两层交界的地方，出现一条如图6-1-3所示的黑线，松开鼠标左键，图层的图标变化为图6-1-4所示的图标，即表示引导层添加成功。

引导层动画属性：一个引导层可引导多个图层中的物体，而引导层中的物体不会被导出，因此，引导层不会显示在发布的SWF格式文件中。引导层动画的常用属性有如下几种，如图6-1-5所示。

缓动：可以选择"属性（一起）"或"属性（单独）"，通过下面的"效果"的Classic Ease的参数，调整缓动，动画效果会呈现由加速度到减速度等效果。

效果：可以选择已经有的预设或自定义的方式调整缓动。

图6-1-1

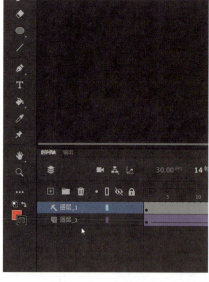

图6-1-2

图6-1-3

旋转：可以让动画按顺时针、逆时针方向旋转运动。

贴紧：开启此选项，可以让下层的角色贴紧上层的路径引导线，建议默认开启。

调整到路径：角色沿着引导动画运动时，若开启此选项，角色会根据路径的方向调整方向。

沿路径着色：开启此选项，下层角色的颜色会受到路径颜色的影响。

沿路径缩放：开启此选项，下层角色会因路径线条的粗细变化而发生大小变化。

图6-1-4

图6-1-5

二　实训案例：路径引导动画的制作方法

本节实例主要介绍引导层动画的基本操作，动态效果参看配套源文件。

步骤1　打开背景素材"热气球素材.fla"源文件。

步骤2　分析素材，时间轴上有两个图层，下图层为背景图层，上图层为热气球图层，且热气球图层为一个"组"，选择热气球的组，单击鼠标右键，在弹出的快捷菜单中选择"转换为元件"，在弹出的窗口中设置元件名称为"热气球"，类型为"图形"元件，单击"确定"，如图6-1-6所示。

步骤3　单击新建图层图标，新建一个图层，并选择此图层，双击鼠标左键将图层名称修改为"引导层"；选择"钢笔工具"在此图层上绘制一条曲线，如图6-1-7所示。

扫码见视频教程

图6-1-6

图6-1-7

步骤4 在"引导层"上，单击鼠标右键，在弹出的快捷菜单中选择"引导层"，如图6-1-8所示。

步骤5 在"热气球"图层上，单击鼠标左键不放，拖到两层交界的位置，当出现如图6-1-9所示的黑线时松开鼠标，图标变化为如图6-1-10所示，此时引导动画层建立完毕。

图6-1-8   图6-1-9   图6-1-10

步骤6 在图层第140帧处，单击鼠标左键不放，如图6-1-11所示从上往下选中三个帧，再单击鼠标右键，在弹出的快捷菜单中选择"插入帧"。

步骤7 在"热气球"图层的任意帧上，单击鼠标右键，在弹出的快捷菜单中选择"创建传统补间"，然后在此图层的第140帧上，单击鼠标右键，在快捷菜单中选择"插入关键帧"（图6-1-12），此时补间的线条由虚线变为实线，表示补间创建成功。

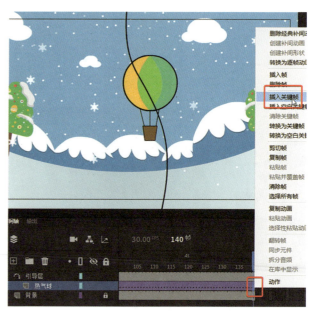

图6-1-11   图6-1-12

步骤8　在时间轴上，将播放头移动到第1帧处，使用"选择工具"将热气球移到画框下方，如图6-1-13所示；再将播放头移动到第140帧处，使用"选择工具"将热气球移到画框上方，如图6-1-14所示；选择热气球图层任意帧，在属性面板中勾选"调整到路径"，此时的热气球能随着引导线的弯曲而自动调整方向。

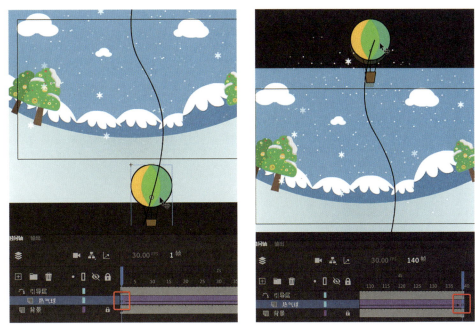

图6-1-13　　　　　　　　　　　　　　　　图6-1-14

步骤9　单击菜单"控制＞测试"或按快捷键Ctrl+Enter预览动画，一个热气球歪歪扭扭地从下往上运动的动画制作完成，如图6-1-15所示，动态视频参看素材源文件。单击菜单"文件＞另存为"，保存文件"热气球完成.fla"。

图6-1-15

第二节　遮罩动画

一　遮罩动画的基本原理

遮罩动画是Animate CC软件中一个很重要的动画类型，很多效果丰富的动画都是通过遮罩动画来完成的。在Animate CC软件的图层中有一个遮罩图层类型，为了得到特殊的显示效果，可以在遮罩层上创建一个任意形状，遮罩层下方的对象可以通过上层的遮挡显示出来，遮挡区域之外的区域将不会显示，上层的遮罩图形也不显示。

在 Animate CC 动画中，"遮罩"主要有两种用途，一种是用在整个场景或一个特定区域，使场景外的对象或特定区域外的对象不可见；另一种作用是用来遮罩住某一元件的一部分，从而实现一些特殊的效果。

遮罩层中的图形对象在播放时是看不到的，遮罩层中的内容可以是按钮、影片剪辑、图形、位图、文字等，但不能使用"线条工具"绘制的线条，如果一定要用此线条，可以将线条转化为"填充"。

被遮罩层中的对象只能透过遮罩层中的对象被看到。在被遮罩层，可以使用按钮、影片剪辑、图形、位图、文字、线条。

在遮罩层、被遮罩层中分别或同时使用形状补间动画、动作补间动画、引导线动画等动画手段，可使遮罩动画变成一个可以施展无限想象力的创作空间。

二　实训案例：遮罩动画的制作方法

步骤1　在 Animate CC 软件中没有一个专门的按钮来创建遮罩层，遮罩层其实是由普通图层转化的。打开素材资源文件"遮罩动画背景素材 .fla"，如图6-2-1所示。

步骤2　新建图层，用"椭圆工具"在"图层2"上绘制一个椭圆，如图6-2-2所示。

图6-2-1　　　　　　　　　　　　　　　图6-2-2

步骤3　鼠标双击"图层2"，将其改名为"遮罩层"（图6-2-3），双击"图层1"，将其改名为"被遮罩层"（图6-2-4）。

步骤4　在遮罩层上，点击鼠标右键，在快捷菜单中选择"遮罩层"，如图6-2-5所示。此时只显示被上层圆形遮挡的背景区域，其他没有遮挡的区域都不显示，最终效果如图6-2-6所示。若想关联更多被遮罩层，可以把这些层拖到被遮罩层下面即可。

步骤5 单击菜单"控制>测试"（Ctrl+Enter）预览遮罩效果，制作完毕，单击菜单"文件>另存为"，保存文件"遮罩动画完成.fla"。

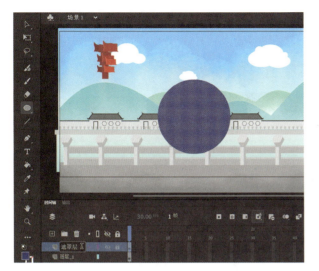

图6-2-3　　　　　　　　　　　　　　　　　　　　图6-2-4

图6-2-5

图6-2-6

第三节　实训案例：眨眼动画

在上一节学习了遮罩动画的应用方法，可以举一反三，遮罩动画能用在很多案例里，下面通过眨眼动画案例学习遮罩的用法和眼睛动画的制作方法。

一　给眼睛添加遮罩

步骤1 打开资源文件"眨眼动画素材.fla"文件，这是在第二章里绘画的人物素材，

扫码见视频教程

本节将使用这个人物的头部素材，制作眨眼动画，提供线稿的目的是方便修改，如图6-3-1所示。

步骤2 分析素材，在头部的上色稿中，眼睛和眉毛是一个组，头部、帽子、嘴巴各是一个组，由于眼睛是一个组，所以需要对眼球、眼白等重新分组、分图层再上色，才能制作动画。因此，要把上色稿的眼睛删掉，把线稿的眼睛复制过来，重新整理线稿，如图6-3-2所示，此时左边的线稿可以删除。

图6-3-1   图6-3-2

步骤3 选择眼睛、眉毛的所有线稿，单击菜单上的"修改＞转换为元件"命令（图6-3-3），在弹出的小窗口中修改名称为"眼睛"，类型为"图形"元件，单击"确定"，即可将眼睛和眉毛转化为元件。

步骤4 双击眼睛元件进入此元件的编辑状态，用"选择工具"选择眼球、眼球高光的组，在组上单击鼠标右键"剪切"命令，如图6-3-4所示；然后新建图层，双击改名为"眼球"，选择此图层，在舞台的空白地方单击鼠标右键，在快捷菜单中选择"粘贴到当前位置"，如图6-3-5所示，此时眼球的组由原来在图层1，被转移到眼球的图层上了，位置不变，只是更换了图层。

 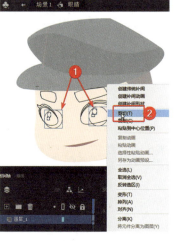 

图6-3-3   图6-3-4   图6-3-5

步骤5 用上述同样的方法将眉毛移动到新图层上：用选择工具选择两个眉毛，点击鼠标右键剪切（图6-3-6）；将新建图层命名为"眉毛"，并选择此眉毛图层，在舞台空白处单击鼠标右键，在快捷菜单中选择"粘贴到当前位置"（图6-3-7），达到如图6-3-8所示的效果。

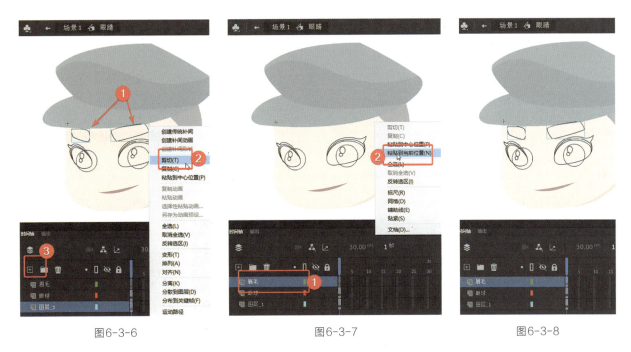

图6-3-6　　　　　　　　　图6-3-7　　　　　　　　　图6-3-8

步骤6　经过以上两个步骤已经将眉毛、眼睛分别移到新图层上了，在"图层_1"中还有眼白和眼皮这两个线稿。同时选中图6-3-9的"眼白、眼皮"线稿，在选中的框上单击鼠标右键，在弹出的快捷菜单中选择"分离"命令，将组分离打散，分离后若发现还有绘制对象，再次在图6-3-10所示的绘制对象上单击鼠标右键，在快捷菜单中选择"分离"命令，经过两次分离后，眼白与眼皮部分被分离成形状，如图6-3-11所示。

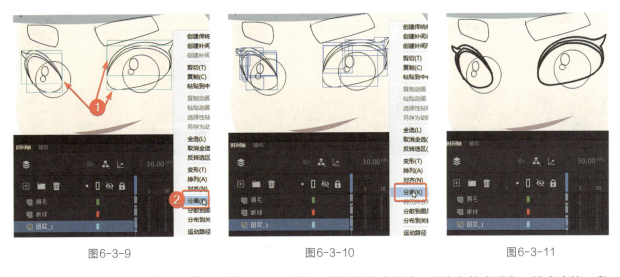

图6-3-9　　　　　　　　　图6-3-10　　　　　　　　图6-3-11

步骤7　选择"颜料桶工具"，如图6-3-12所示，用黑色填充眼皮、用白色填充眼白；填充完毕，鼠标双击眼皮的边线，按Delete键删除边线。

步骤8　用上述同样的方法，将两个黑色的眼皮选中移动到新建的图层上，使眼皮和眼白分成两个图层。选择黑色的眼皮，在黑色的眼皮上点击鼠标右键，在快捷菜单中选择"剪切"，新建"眼皮"图层，在舞台空白处单击鼠标右键，在快捷菜单中选择"粘贴到当前位置"，这样就把黑色眼皮形状移动到"眼皮"的图层上了，如图6-3-13所示；此时"图层_1"只剩下一个眼白的形状，可以将此图层双击重命名为"眼白"，如图6-3-14所示。

    步骤9   如图6-3-15所示，选择眉毛的组，继续右键"分离"两次，将眉毛分离成形状。然后选择"颜料桶工具"，颜色为黑色，如图6-3-16所示填充眉毛。填充完毕，双击边线，按Delete键删除边线。

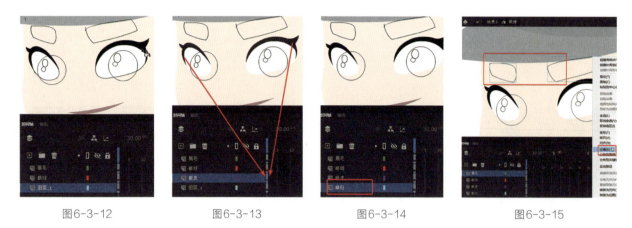

图6-3-12   图6-3-13   图6-3-14   图6-3-15

    步骤10   选择眼睛的线条，选择"颜料桶工具"，打开"颜色"面板，如图6-3-17所示，将颜色类型选择为"线性渐变"，选择图中的渐变色，将其填充到眼球的形状里；使用"渐变变形工具"调整渐变的方向、位置，得到如图6-3-18所示的眼球填充效果。

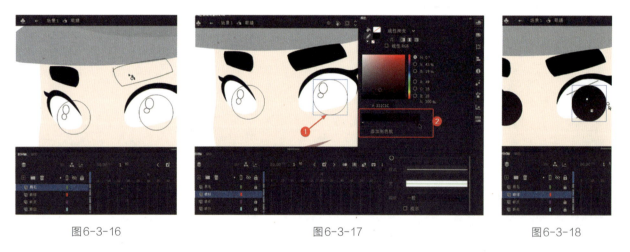

图6-3-16   图6-3-17   图6-3-18

    步骤11   继续选择"颜料桶工具"填充眼睛的高光部分，如图6-3-19所示。

    步骤12   此时的颜色都已经填充完毕，但是眼球在眼白的上层，是不合理的，需要继续修改。如图6-3-20所示，选择眼白图层，单击鼠标右键，在快捷菜单中选择"复制图层"，得到一个"眼白_复制"图层；然后选择眼球的图层，如图6-3-21所示，将眼球的图层移动到"眼白_复制"的图层下方。

    步骤13   在"眼白_复制"图层上，如图6-3-22所示，右键在快捷菜单中选择"遮罩层"，此时图层的图标变成如图6-3-23所示，图层自动上锁，眼球遮挡效果正确，遮罩添加成功。单击菜单"文件 > 另存为"，保存文件"眼睛遮罩完成.fla"。

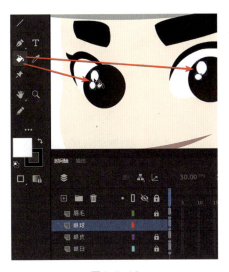

图6-3-19

图6-3-20

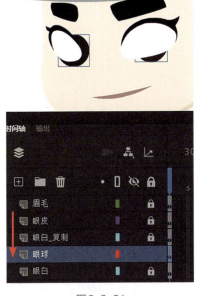

图6-3-21

图6-3-22

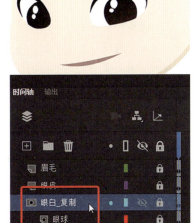

图6-3-23

二 给眼睛添加眨眼动画

步骤1 将"眼皮""眼白_复制""眼白"三个图层解锁（对遮罩解锁时，遮罩效果会暂时取消，这是正常的，等调整完毕再锁上，即可恢复），如图6-3-24所示，同时选择这三个图层，再选择"任意变形工具"，将播放头放在第12帧处，将舞台里选择的眼睛图形压扁至如图6-3-25所示的大小。调整完毕后，再次锁住遮罩图层（若不锁，只是影响在时间轴里的效果，不会影响最终预览测试的效果），遮罩效果恢复正常，如图6-3-26所示。

扫码见视频教程

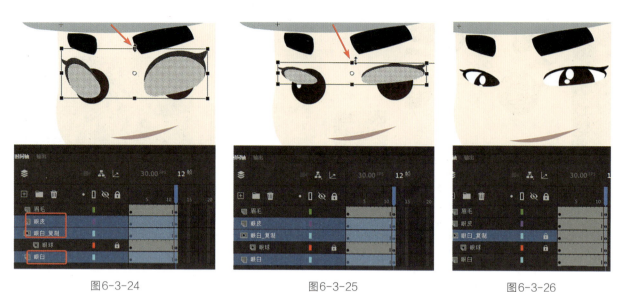

图6-3-24 　　　　　　　　　　图6-3-25 　　　　　　　　　　图6-3-26

步骤2 选择舞台中的眉毛，往下移动到如图6-3-27所示的位置，拖动播放头预览动画，此时眼睛变小、眉毛向下的动画制作完毕。

步骤3 将两个遮罩图层解锁，选择第14帧处眉毛图层以外的所有关键帧，按键盘上的Delete键，此时所选关键帧上的内容已经删除，关键帧变成空白关键帧，如图6-3-28所示。

步骤4 开启"绘图纸外观"，将播放头移动到第14帧处，将范围往左多选四帧，这样就能看到前面几帧的画面；选择眼球的图层，使用"线条工具"在舞台上绘制闭眼的轮廓，并调整其曲线，如图6-3-29所示。

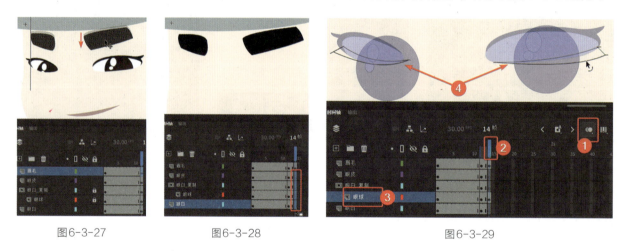

图6-3-27 　　　　　　　　　　图6-3-28 　　　　　　　　　　图6-3-29

步骤5 选择"颜料桶工具"对闭眼的线条填充黑色，然后双击选择边线，按键盘上的Delete键删除线条，并关闭绘图纸外观，得到如图6-3-30所示的效果。

步骤6 眼睛闭上了，眉毛也要往下移动，所以继续选择两个眉毛，在此帧上，将眉毛往下移动到如图6-3-31所示的位置。

步骤7 闭睛动画需要做一个循环，闭上之后再睁开，所以在第17帧上选择一列帧，点击鼠标右键，在快捷菜单中选择"插入空白关键帧"，得到如图6-3-32所示的效果。

步骤8 将播放头移动到第12帧处，选择一列关键帧，单击鼠标右键，在快捷菜单中选择"复制帧"，如图6-3-33所示。

步骤9　再将播放头移动到第17帧上，如图6-3-34所示，选择一列空白关键帧，单击鼠标右键，在快捷菜单中选择"粘贴帧"，此时就将第12帧上的帧复制到第17帧上了，如图6-3-35所示。

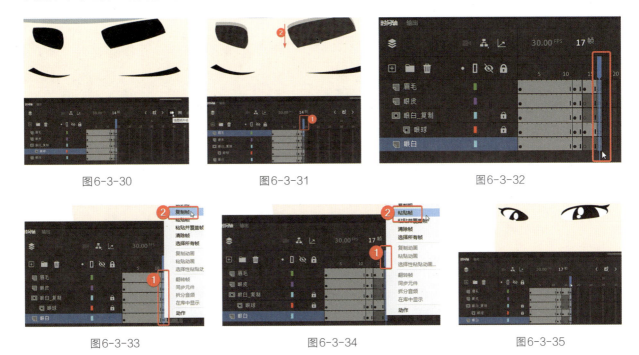

图6-3-30　　　　　　　　　　　图6-3-31　　　　　　　　　　　图6-3-32

图6-3-33　　　　　　　　　　　图6-3-34　　　　　　　　　　　图6-3-35

步骤10　将播放头移动到第1帧处，选择图6-3-36所示的一列帧，单击鼠标右键，在快捷菜单中选择"复制帧"，再选择图6-3-37所示第19帧处的一列帧，单击鼠标右键，在快捷菜单中选择"粘贴帧"，这样就将第1帧的关键帧复制到第19帧上了，如图6-3-38所示。

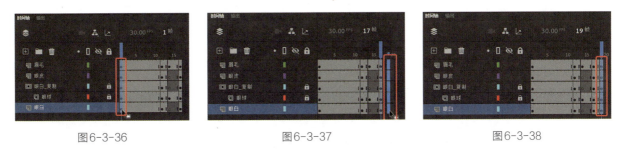

图6-3-36　　　　　　　　　　　图6-3-37　　　　　　　　　　　图6-3-38

步骤11　拉动播放头，预览动画，一个从闭眼睛到睁开眼睛的循环动画制作完成。单击"场景1"退出元件的编辑状态，返回场景1，如果此时预览测试动画，没有出现眨眼的动画，原因是场景1的时间轴上只有1个帧，而眼睛元件是一个图形元件，图形元件只有1个帧是无法播放的，需要延长一定的帧才能播放，所以在第30帧上单击鼠标右键，在快捷菜单上选择"插入帧"，延长时间到第30帧位置，如图6-3-39所示。

图6-3-39

步骤12 按键盘上的 Ctrl+Enter 快捷键预览动画，一个眨眼的动画制作完毕，如图 6-3-40 所示，动态视频参看素材源文件。单击菜单"文件＞另存为"，保存文件"眨眼动画完成 .fla"。

图 6-3-40

本章小结

　　本章介绍了引导动画和遮罩动画技术，并使用此两种动画技术分别制作了实用性强的 MG 动画和眨眼动画，使读者能够体会这两种动画技术的用法，并能够举一反三，可以在不同的动画场景里应用。

课后作业

1. 使用路径引导动画制作树叶从空中摇摆落下的动画效果。
2. 使用遮罩动画制作镜头 A 向镜头 B 转场的效果。

第七章
骨骼动画

理论与实践——骨骼动画

教学内容：

1. 骨骼动画概述。

2. 实训案例：角色骨骼动画。

建议课时： 4课时。

教学目的： 让学生了解骨骼动画原理和骨骼应用类型；能在有条件使用骨骼制作动画时，选用合适的骨骼方法来制作；保持良好的沟通能力，能为所给的元件添加骨骼。

教学方式： 讲授法、直观演示法。

学习目标：

1. 了解骨骼动画原理。

2. 掌握往"形状""元件"添加骨骼的方法、区别和应用场景。

3. 掌握对骨骼的约束方法。

第一节 骨骼动画概述

一 骨骼动画的基本原理

　　骨骼动画是一种使用骨骼IK（Inverse Kinematics，反向运动）工具按父子关系链接成线性或枝状的骨架来对元件、形状产生影响的动画。当将骨骼移动时，与其链接的元件、形状也发生相应的移动，插入相应的姿势，就产生了动画。

　　骨骼工具最常见的用法是对影片剪辑、图形和按钮元件添加IK骨骼，也可以将文本转换为元件，再添加骨骼。添加骨骼时，软件会自动创建一个姿势图层，并自动将不同图层或同图层上的元件添加到新的姿势图层上，如图7-1-1所示。例如，可以对元件添加骨骼，将上身、上手臂、下手臂、手、头部的元件用骨骼工具链接起来，当然链接时要考虑元件间有父子级关系，这样插入姿势时动画才能够正确。骨骼工具也可以对形状添加骨骼。例如，可以在绘制对象或形状的动物尾巴、飘带上添加骨骼，此时原来的形状元素和骨骼转换成"IK形状对象"，这样可以制作真实的甩尾巴、飘带随风而动的动画效果；添加形状骨骼时，不建议"绑定工具"编辑形状的控制点，注意IK形状对象不能与外部的其他形状合并，也不能使用"任意变形工具"旋转、缩放或倾斜该形状。

图7-1-1

　　骨骼的样式是可以修改的，插入骨骼后，单击选择姿势图层上的一个帧，可以在帧的属性面板中，在选项里的下拉菜单"样式"中修改骨骼的样式，骨骼工具提供了四种样式，分别是线框、实线、线、无，如图7-1-2所示。若将样式修改为"无"，在舞台里将看不到骨骼，但是保存文档后，下次打开文档，将默认显示"线"的样式。

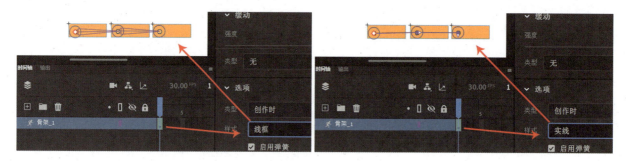

图7-1-2

二 元件里添加与编辑骨骼

1. 添加骨骼

　　步骤1　新建文档，在舞台上创建元件（影片剪辑、图形元件、按钮都可以），可以创建多个元件，也可以重复拷贝元件，都可以用"骨骼工具"来链接。

步骤2　在"工具"面板中选择 ⚒ "骨骼工具"，用鼠标左键单击一个元件不放拖向另一个元件，然后松开鼠标，元件上方出现骨骼，图层上出现"骨架"图层，即表示成功添加一段骨骼。再从第二个元件向第三个元件拖动，即产生下一段骨骼，这段骨骼为子级，第一段骨骼为父级，如图 7-1-3 所示。

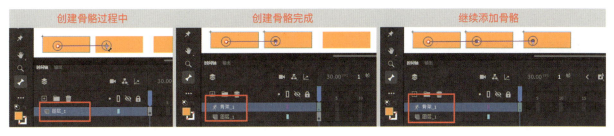

图 7-1-3

步骤3　添加骨骼分支，骨骼是有父子关系的，添加骨骼前就要想好哪个元件是父级，哪个元件是子级，链接时是按顺序从父级链接到子级的，如图 7-1-4 所示。

2. 删除骨骼

单击选中骨骼，按键盘上的 Delete 键删除此骨骼和后面的子级骨骼。也可按住 Shift 键单击多个骨骼，删除多个骨骼。还可以在骨架图层上，选中部分帧，点击鼠标右键，在弹出的快捷菜单上选择"删除骨架"。

3. 移动元件关节

使用"任意变形工具"，移动骨骼的轴心点，再切换回选择工具，骨骼的关节点随之移动，如图 7-1-5 所示。

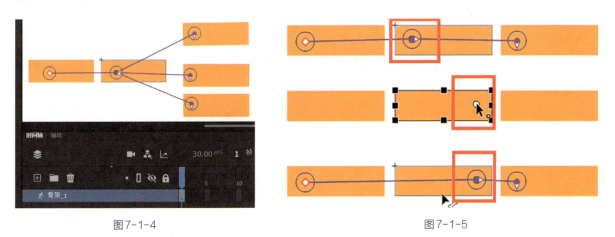

图 7-1-4　　　　　　　　　　　　　　　图 7-1-5

4. 约束骨骼

（1）关节 X 轴（横向）平移：先选中骨骼，在属性面板中关闭旋转，再开启 X 平移，如图 7-1-6 所示。同理，点击关节 Y 轴（纵向）平移。

（2）设置关节轴旋转的角度：选中骨骼，在属性面板中开启旋转，勾选约束并调整数值，如图 7-1-7 所示。

图7-1-6   图7-1-7

三 \ 形状里添加与编辑骨骼

1. 添加骨骼

步骤1 在舞台上创建填充的形状，在舞台上选择整个形状，如果该形状包含多个颜色，一定要选择所有形状。

步骤2 单击鼠标左键选择 ◢ "骨骼工具"，在该形状内单击并拖动到该形状内的另一个位置，软件会自动创建一个姿势图层，此时原图层上的形状将添加到新的姿势图层上，原来的形状元素和骨骼转换成"IK形状对象"，形状骨骼添加成功。可以在一个形状里添加多段骨骼，这些形状的骨骼也会形成父子关系。

2. 删除骨骼

请单击选中该骨骼，按键盘上的Delete键删除此骨骼和后面的子级骨骼。也可按住Shift键单击多个骨骼，删除多个骨骼。也可以在骨架图层上，选中部分帧，单击鼠标右键，在弹出的快捷菜单上选择"删除骨架"。

3. 移动形状关节

要移动"IK形状对象"骨骼内关节的位置，选择"部分选取工具"拖动骨骼内的关节，如图7-1-8所示。

图7-1-8

4. 约束骨骼

形状里约束骨骼的方法与元件里约束骨骼的方法相同。

第二节　实训案例：角色骨骼动画

本实训案例通过对"小扬"的元件添加骨骼制作动画，学习骨骼动画的添加、设置、调整方法，最终效果如图7-2-1所示。

扫码见视频教程

图7-2-1

步骤1 单击菜单"文件>打开",在素材文件夹,打开文件"角色素材.fla"。

步骤2 用"选择工具"选择场景1舞台里所有组,如图7-2-2所示,单击鼠标右键,在快捷菜单中选择"转换为元件",将角色所有的组转换为一个元件,元件命名为"小扬",类型为"图形"元件。

步骤3 双击此元件,当出现图7-2-3中❶所示的图标时,即表示进入了"小扬"元件的编辑状态;用"选择工具"选中帽子的组,单击菜单"修改>转换为元件",如图7-2-3中❸所示,将帽子的组转换为元件,元件命名为"帽子",类型为"图形"元件。

图7-2-2   图7-2-3

步骤4 对于角色的其他部分，都用同样的方法将其分别转换为元件，类型为"图形"元件，并分别命名，具体名称与部件对应，如图7-2-4所示。

步骤5 嵌套结构：经过步骤2将人物整体转换为元件，步骤3、步骤4将肢体部件分别转换为元件，如此就形成了Animate CC 元件的嵌套结构。所谓元件的嵌套结构，就是一个元件里面包含着其他元件，这个元件和里面包含的元件，可以分别有单独的动画效果，单独不同的动画效果叠加在一起，就形成了新的动画效果，嵌套结构是很常用的一种动画结构。如图7-2-5所示人物是一个元件，双击人物元件进去，里面各个部件都是单独的元件；其中，头部又包含子级元件，如帽子、脑袋、五官，身体又包含脖子、上身等元件。嵌套结构可以有多级嵌套，图7-2-5就是三级嵌套。

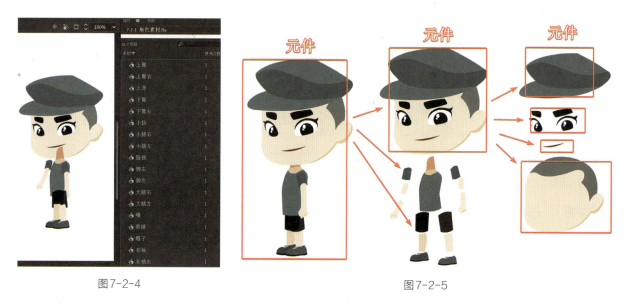

图7-2-4　　　　　　　　　　　　　　图7-2-5

步骤6 进入人物元件，将头部的帽子、脑袋、五官转换为元件，取名为"头_整体"，如图7-2-6所示；图7-2-7是"头_整体"的元件结构。

图7-2-6　　　　　　　　　　　　　　图7-2-7

步骤7 使用"任意变形工具"调整小扬的双腿的姿势、脚的姿势、手的姿势，如图7-2-8所示，为动画制作做前期的准备；再用椭圆工具绘制一个圆，将其转换为元件，命名为"臀部"，因为这个角色没有臀部，做骨骼动画需要有臀部，所以画一个圆当作臀部，如图7-2-9所示。

步骤8　选择"骨骼工具"，从臀部元件开始，点击鼠标左键，拖到上身元件上，如图7-2-10所示；再从上身连接到头部，上身分别连接左上臂、右上臂，上臂再连接下臂，下臂再连接手，如图7-2-11所示；再从臀部分别连接到两条大腿，大腿再分别连接小腿，小腿再连接脚。

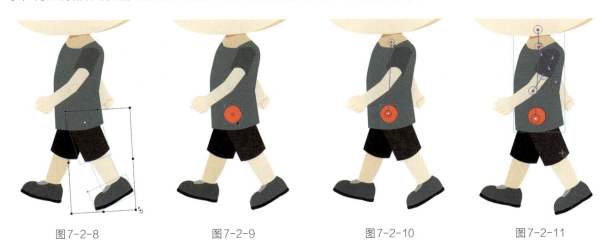

图7-2-8　　　　　　　图7-2-9　　　　　　　图7-2-10　　　　　　　图7-2-11

步骤9　有的元件因为被上面的元件挡住无法连接，可以先将其移出来，连接后，再使用"任意变形工具"将如图7-2-12所示的元件移回原位。骨骼连接完成后，元件之间的上下关系可能发生了改变或错位，可以选择"任意变形工具"移动调整位置，也可以在当前元件上单击鼠标右键，选择"排列＞上移一层／下移一层"的方式调整元件的上下关系，使其上下关系正确，如图7-2-13所示的手臂关系，如图7-2-14所示的臀部关系。

图7-2-12　　　　　　　图7-2-13　　　　　　　　　图7-2-14

步骤10　骨骼连接完毕，图层会自动变成如图7-2-15所示的"骨架_1"图层。在第28帧处，点击鼠标右键，选择"插入姿势"，图层会变成如图7-2-16所示的效果。

步骤11　将播放头移至第15帧处，使用"选择工具"拉动脚、手的元件，交换左右脚、左右腿的位置，调整到图7-2-17所示的位置。拉动播放头，"小扬"的行走动画已经成功，只是还需要进一步调整。

步骤12　在第8帧、第22帧处插入姿势，如图7-2-18所示。选择"任意变形工具"，框选头与上身的元件，按键盘的向上键往上移动3个像素；再框选如图7-2-19所示的从头到大腿这部分元件，按键盘的向上键往上移动3个像素；最后框选如图7-2-20所示的这部分元件，按键盘的向上键往上移动3个像素。

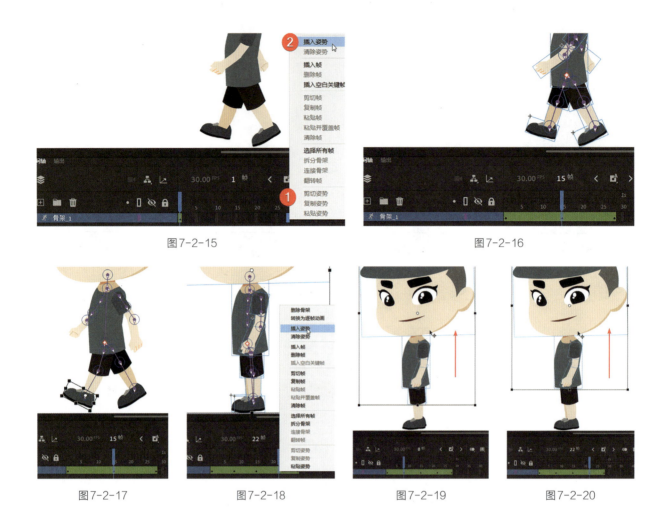

图7-2-15　　　　　　　　　　　　　　　　　　　图7-2-16

图7-2-17　　　　图7-2-18　　　　图7-2-19　　　　图7-2-20

步骤13　将部分元件往上移动的目的是当脚抬起时，身高是要最高的，要符合人物行走时的动画运动规律。人物走路时，当一只脚着地另一只脚抬起时，头顶略高；两只脚同时着地时，头顶最低，参见图7-2-21的"头部起伏变化"，并用"任意变形工具"加以调整。

头部起伏变化

1帧　　　　　　8帧　　　　　　15帧　　　　　　22帧　　　　　　28帧

图7-2-21

步骤14　退出"小扬"角色元件的编辑模式，回到"场景1"，在"场景1"的图层上的第28帧处插入帧。打开场景文件"角色骨骼动画背景素材.fla"。选中此文档中舞台的场景，右键"复制"，切换到走路这个文档，新建图层，双击图层名称改名为"背景"，右键粘贴在此图层的舞台上，并调整图层关系，将"背景"图层移到"角色"图层的下方，如图7 2-22所示。

图7-2-22

步骤15　在上面的角色层上，创建"传统补间"，在最后一个帧上插入关键帧。将播放头移动到第1帧处，把角色"小扬"移到如图7-2-23所示的画框外；将播放头移动到第28帧处，将角色"小扬"移到如图7-2-24所示的画框外，拖动播放头，角色从右往左的行走动画已经成功，但是太快，需要在这两个补间中插入帧，一直插到最后一个关键帧第150帧处，如图7-2-25所示。

图7-2-23　　　　　　　　　　图7-2-24　　　　　　　　　　图7-2-25

步骤16　新建图层，双击图层名称改名为"投影"，在此图层上用"椭圆工具"画一个投影，颜色比地面颜色要稍深一些，透明度为80%，如图7-2-26所示。

步骤17　开启时间轴上的"显示父级视图"，将投影图层向角色图层拖动，图层关系和图标得到如图7-2-27所示的效果，此时拉动播放头，投影跟随角色的行走动画完成。

步骤18　单击菜单"控制＞测试"预览动画，一个角色从右往左的行走动画制作完成，单击菜单"文件＞另存为"，保存文件"角色骨骼动画完成.fla"，完成动画效果。

 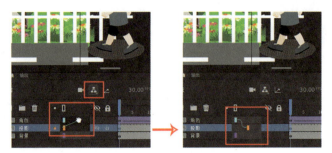

图7-2-26   图7-2-27

本章小结

　　本章主要是通过学习骨骼的添加、骨骼的绑定、动画姿势的插入等相关知识，了解骨骼动画的制作方法。经过实践案例的操作，进一步掌握骨骼动画的制作方法。骨骼动画擅长制作角色类动画，在制作时也需要结合动画运动规律的基本知识和软件技术，从而制作出正确的运动动画效果。

课后作业

　　绘制出图中的钟表，并使用骨骼动画的方法制作钟表运动动画，可参考"钟摆素材.fla"源文件绘制。

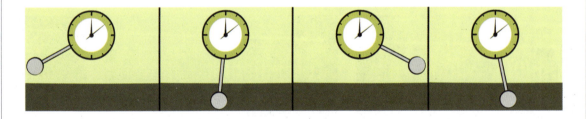

第八章
角色动画

专项训练与实践——角色动画

教学内容：

1. 实训案例：人物角色侧面行走动画。

2. 实训案例：人物角色侧面跑步动画。

建议课时： 8课时。

教学目的： 使学生掌握人物的常规性运动规律；
能够结合动画运动规律在 Animate CC 软件里
绘制角色的走、跑动画；使动画知识点与软件
相结合，制作出符合商业质量的动画效果。

教学方式： 讲授法、直观演示法。

学习目标：

1. 了解人物角色走、跑的动画运动规律。

2. 熟悉元件在角色动画中的意义并灵活运用。

3. 掌握角色动画中补间的应用方法。

4. 掌握角色动画中"穿帮"问题的处理。

5. 掌握角色动画中补间和逐帧相结合的方法。

在动画片中，动画角色无论是人、动物或道具，都很可能具有人的动作特征和心理特征，动画里的人物或动物的内心活动主要是通过动作来表达的，道具的动作也可能通过拟人化的表达呈现给观众。通常情况下，角色动画主要是表现人的活动，人物的常规性动作包括转头、口型、眨眼、走、跑和跳跃等，同样大多数动物也会以拟人化的手法表达出来，这样才容易引起观众的共鸣。

第一节　实训案例：人物角色侧面行走动画

人的职业、性别、年龄、性格的不同，走路姿态各有特点，但在各种不同的步姿中，都有统一的规律。绘制的时候应根据剧本的要求，结合角色性格和行为习惯，对人物走路动作有适当的发挥和想象，做到动作合情合理。

扫码见视频教程

在掌握了动画运动规律之后，即人物走路跨步动作过程的每帧动画画面，也就掌握了动画师是如何制作人物走路动画的。在复杂多变的人物走路动作中，为了达到预期的动态效果，依据走路动作的基本规律，控制抬腿的幅度和步伐的跨度以及双臂摆动的范围，画出特定情节中的走路方式，如兴高采烈地走、蹑手蹑脚地走、心情低落地走或惴惴不安地走等。

所有角色中人最为重要，在人的活动中走路动作又格外重要，出现的频率也最高。因此，本案例主要讲解人物走路动作。熟悉动画运动规律以后，可以绘制动物拟人化的走路姿态，完成动物拟人化行走的连贯动作。

人物走路运动规律：左、右两脚交替向前，带动躯干朝前运动，为了保持身体的平衡和重心的稳定，需要一条腿支撑身体，另外一条腿提起跨步。走路过程中，双脚着地跨步时，身体高度略低；一条腿支撑在地面，另外一条腿抬起离地，身体就会略高，抬起的那条腿也会适当弯曲，脚踝与地面形成弧线形的运动轨迹；当脚提起跨步运动至中间位置时，此时身高为最高；两腿跨步形成跨度同时着地时，身体高度最低。因此，走路过程中头顶就会形成波浪形的运动轨迹，这条轨迹的起伏与走路时的心情有很大关系，心情很好起伏就会比较大，如果心情低落，起伏就会较小。

本实训案例是给角色添加动画，学习传统的动画制作方法和Animate CC软件里的动画技巧，最终效果如图8-1-1所示。

图8-1-1

步骤1　单击菜单"文件＞打开"，在素材源文件目录文件夹，打开文件"角色动画素材.fla"。

步骤2　将场景1里，用"选择工具"选中图8-1-2所示的全部元件，单击鼠标右键，在快捷菜单中选择"转换为元件"，将角色所有的组转换为一个元件，元件命名为"小丽"，类型为"图形"元件。

步骤3　双击此元件进入"小丽"的元件编辑状态，如图8-1-3中的❶，用"选择工具"框选帽子、眼睛、脸部、辫子、五官的组，并单击鼠标右键，在快捷菜单中选择"转换为元件"，将头部所有的组转换为元件，元件命名为"头部"，类型为"图形"元件。

步骤4　角色的其他部分，都用同样的方法分别转换为元件并命名，类型为图形元件，如图8-1-4所示。

图8-1-2　　　　　　　　图8-1-3　　　　　　　　图8-1-4

嵌套结构：经过"步骤2"将人物整体转换为元件，"步骤3""步骤4"将肢体部件分别转换为元件，元件便形成了Animate CC软件的嵌套结构，如图8-1-5所示。

步骤5　同一图层中有多个元件，元件与元件之间具有上下之间的关系。"步骤4"里将人物各部件转换为元件后，如果元件之间的上下关系不正确，可以选择单个元件，单击菜单的"修改＞排列＞上移一层／下移一层"调整元件的上下关系，使其上下关系正确，如图8-1-6所示。

图8-1-5　　　　　　　　　　　　　图8-1-6

步骤6 用"选择工具"，选中舞台里如图8-1-7所示的所有元件，单击鼠标右键，在弹出的快捷菜单中选择"分散到图层"命令，这些元件原来是在同一个图层上，执行该命令后，每个元件将分配一个图层，同时图层的名称与元件的名称一一对应，图层的上下关系也与前面元件的上下关系一致，如图8-1-8所示。

步骤7 将右手臂与右手的两个图层复制到新图层，并移动图层到最下面，如图8-1-9所示。

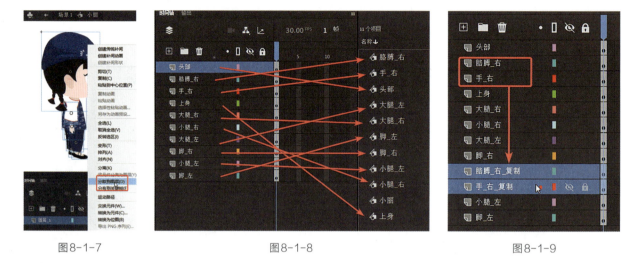

图8-1-7　　　　　　　　　　　图8-1-8　　　　　　　　　　　图8-1-9

步骤8 使用"任意变形工具"调整每个元件的轴心点，将头部元件调整到如图8-1-10中左图的位置，手臂元件调整到如图8-1-10中右图的位置，也将其他元件的轴心点调整到相应的关节位置。单个元件的轴心点只能在插入关键帧之前调整，因为如果后面再插入关键帧与补间，软件不允许修改单个元件的轴心点，要保证补间动画前后两个关键帧轴心点的位置是相同的。

步骤9 调整完轴心点后，继续使用"任意变形工具"调整"小丽"的双腿的姿势、脚的姿势、手的姿势到如图8-1-11所示的位置，为动画制作做好前期的准备。

图8-1-10　　　　　　　　　　　　　　　　　图8-1-11

步骤10 选中第28帧处的一列帧，单击鼠标右键，在快捷菜单中选择"插入关键帧"或单击菜单"插入＞时间轴＞关键帧"，得到如图8-1-12的效果，这样做的优点是第1个关键帧与最后1个关键帧的画面一模一样。

　　步骤11　将播放头移动到第15帧处，从上至下选择一列帧，单击菜单"插入＞时间轴＞关键帧"或右键插入"关键帧"，得到一列关键帧，如图8-1-13所示。

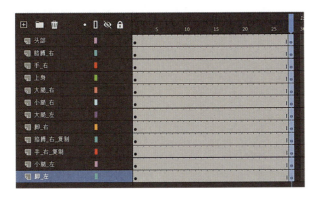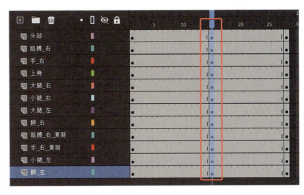

图8-1-12　　　　　　　　　　　　　　　　图8-1-13

　　步骤12　将播放头保持在第15帧关键帧上，在舞台中使用"任意变形工具"，交换左右腿、左右脚、左右手的位置，如图8-1-14所示。同时选中两个或多个元件时，可以调整轴心点，旋转起来比较方便，轴心点一次有效，但是此时不能修改单个元件的轴心点，否则可能造成动画错误。

　　步骤13　调整过程中，可能有个别部件出现"穿帮"的情况，可以双击元件进入组，如图8-1-15所示，使用"线条工具""颜料桶工具"画线填色进行修整，完成此关键帧画面的调整后，退出组的编辑状态，返回到小丽元件里，如图8-1-16所示。

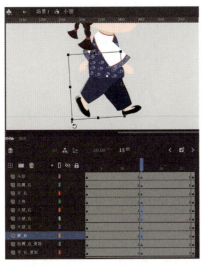

图8-1-14　　　　　　　　　　图8-1-15　　　　　　　　　图8-1-16

　　步骤14　选择如图8-1-17所示图层的多个帧，点击鼠标右键选择"创建传统补间"，拉动播放头，舞台中的"小丽"已经能够运动了，只是动作比较机械，需要进一步修正。

　　步骤15　在第8帧、第22帧处，用上述方法将对图层插入关键帧，如图8-1-18所示。

　　步骤16　将播放头移动到第8帧处，选择"选择工具"，选择头部元件，按键盘的向上键往上移动3个像素，再框选头与上身的元件，按键盘的向上键往上移动3个像素；框选从头到小腿，选中这部分元件，再按键盘的向上键往上移动3个像素，如图8-1-19所示。

图8-1-17

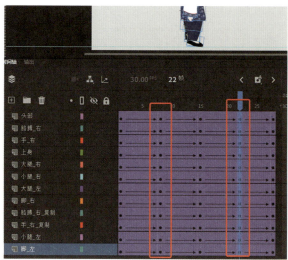
图8-1-18

步骤17　将播放头移动到第22帧处，用步骤16同样的方法，将头与身体元件分别往上移动3个像素，如图8-1-20所示。拉动播放头预览动画，小丽快乐地走路动画制作完毕。在第8帧和第22帧处把人物部分元件往上拉的原因，是根据动画运动规律，一只脚着地、另一只脚抬起时，身体要往上升，头部的高度要高一些。

图8-1-19

图8-1-20

步骤18　单击"场景1"退出小丽元件编辑模式，返回到场景1，效果参看图8-1-21。

步骤19　单击菜单"文件＞另存为"，保存文件"角色动画完成.fla"，完成动画效果。

图8-1-21

第二节　实训案例：人物角色侧面跑步动画

本实训案例是给角色制作跑步动画，学习传统的方法在动画中的应用技巧，最终效果如图8-2-1所示。

扫码见视频教程

图8-2-1

步骤1　单击菜单"文件＞打开"，在素材源文件的文件夹目录中，打开文件"角色跑步素材.fla"。

步骤2　因为跑步动作幅度较大，需要先整理素材，将脚分成如图8-2-2所示的两部分并修整，将手臂分成如图8-2-3所示的两部分并修整，方便后面制作动画。

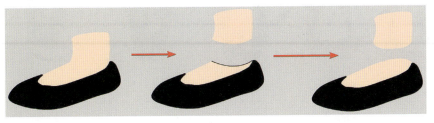

图8-2-2

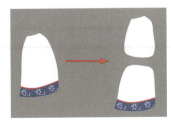

图8-2-3

步骤3 选择头部所有的组，单击鼠标右键，在快捷菜单中选择"转换为元件"，将头部所有的组转换为元件并命名为"头"，类型为"图形"元件，如图8-2-4所示。

图8-2-4

步骤4 将角色的其他部分用同样的方法分别转换为元件，类型为图形元件，并分别命名，元件对应的名称如图8-2-5所示。

步骤5 角色的右手臂和右手没有绘制，可以用"选择工具"选择舞台中的左手臂和左手，按住Alt键不放拖动元件，即可复制得到同样的元件，将其移动到合适的位置，此时复制的元件便是右手臂和右手。在此手臂和手上单击鼠标右键，在快捷菜单中选择"排列＞移至底层"，此时所复制元件的前后关系调整正确，如图8-2-6所示。

图8-2-5　　　　　　　　　　　　　　　图8-2-6

步骤6 在制作动画前，选择"任意变形工具"将每个元件的轴心点调整到关节的位置，如图8-2-7所示。

图8-2-7

步骤7 因为角色跑步时身体略微前倾，选择"任意变形工具"，框选所有元件，转动到如图8-2-8所示的位置。身体前倾，但是头是看前方的，所以继续选择"任意变形工具"选中头部，将其转动到如

图8-2-9所示的位置。

步骤8 继续使用"任意变形工具"将身体各部分元件的姿态调整到如图8-2-10所示的效果。

图8-2-8   图8-2-9   图8-2-10

步骤9 调整完跑步的姿势后，若有"穿帮"问题，需要进行修改。首先需要修改左大腿的"穿帮"问题，双击进入大腿的元件编辑状态，再双击进入组的编辑状态，可以使用"选择工具""线条工具""填充工具"将大腿调整到如图8-2-11所示的效果，调整完毕退出元件的编辑状态。

图8-2-11

步骤10 使用上述相同的方法解决小腿"穿帮"问题。双击进入小腿的元件编辑状态，再双击进入组的编辑状态，使用"选择工具"将后小腿调整到如图8-2-12所示的效果，调整完毕退出元件的编辑状态。

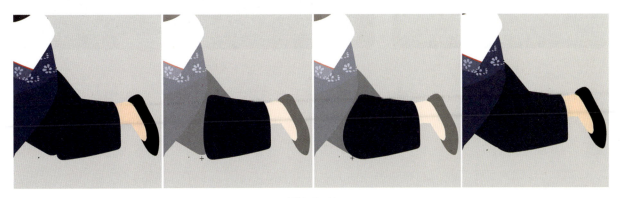

图8-2-12

步骤11 当前的元件都在一个图层中，可以选择图8-2-13中的所有元件，单击鼠标右键，在快捷菜单中选择"分散到图层"，这步操作的目的是将每个元件分别放置在一个图层中，分散成功后，每个图层的名称将自动以元件的名称命名，图层之间也是原来的上下关系，如图8-2-14所示。

图8-2-13   图8-2-14

步骤12 在时间轴上选择第13帧的一列帧，单击鼠标右键，在快捷菜单中选择"插入关键帧"，使用同样的方法在第25帧插入关键帧，如图8-2-15所示。

步骤13 在时间轴上按如图8-2-16所示的步骤开启绘图纸外观，能看到前后关键帧的线条，这样方便调整元件的姿势。

图8-2-15   图8-2-16

步骤14 将播放头移动到第13帧处，参照绘图纸外观显示的前后关键帧的线条轮廓，使用"任意变形"工具交换左右腿的前后位置，交换左右手摆臂的前后位置，调整角色的姿势到如图8-2-17所示的位置。

步骤15 因为调整了两条腿的前后关系，元件之间衔接又有了"穿帮"，按照步骤9的方法，双击元件进入编辑状态修改外形，解决"穿帮"问题，如图8-2-18所示。

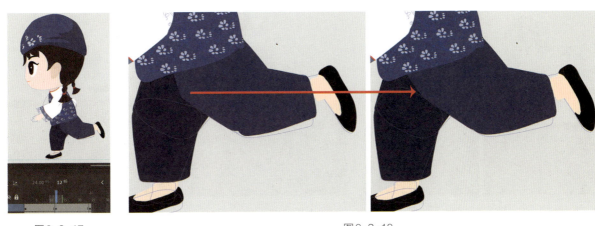

图8-2-17   图8-2-18

步骤16 选择所有图层上的帧，单击鼠标右键，在快捷菜单上选择"创建传统补间"，再选择第7帧处的一列帧，单击鼠标右键，在快捷菜单上选择"插入关键帧"，再选择第19帧处的一列帧"插入关键帧"，如图8-2-19所示。

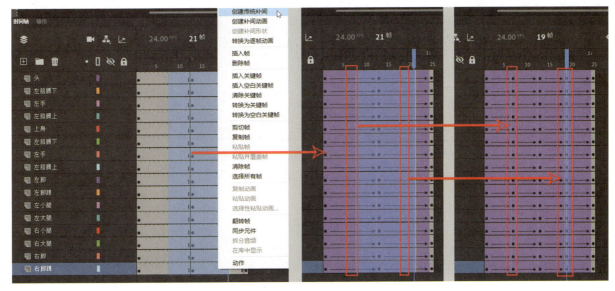

图8-2-19

步骤17 将播放头分别移动到第7帧、第19帧处，用"选择工具"将角色的整体往上移动到如图8-2-20所示的位置，此时拉动播放头，跑步的动画已经产生，还需要进一步调整。

步骤18 经预览分析，第7帧、第19帧的腿部的姿势是自动生成的，和实际跑步的姿势出入太大，所以需要将播放头移动到第7帧处，将左右腿调整为图8-2-21中的姿势；再将播放头移动到第19帧处，将左右腿调整到图8-2-22中的姿势。

步骤19 将播放头移动到第4帧处，软件自动生成的右腿部的姿势不太合理，可以暂时隐藏左腿的图层，在右腿的补间处插入关键帧，继续使用"任意变形工具"将右腿调整到如图8-2-23所示的位置。左腿的姿势同样不太正确，将播放头移动到第16帧处，继续用同样的方法，在左腿的图层上"插入关键帧"，调整左腿的姿势到图8-2-24中的位置。当然，如果其他地方有"穿帮"问题，可以在相应的位置加关键帧，继续用同样的方法调整姿势。

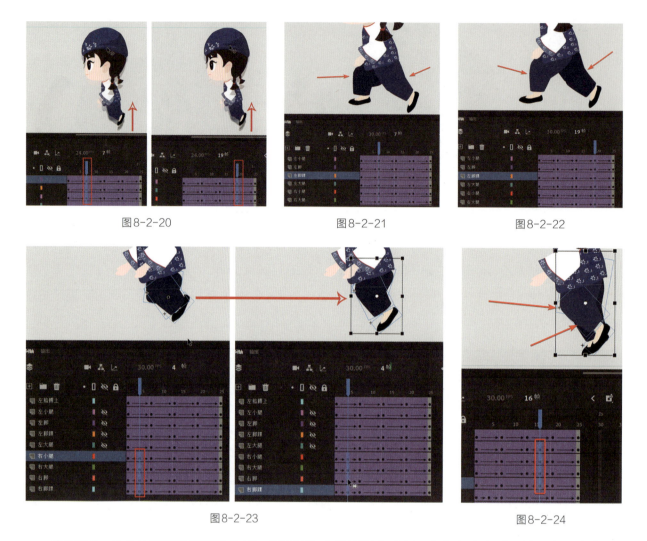

图8-2-20   图8-2-21   图8-2-22

图8-2-23   图8-2-24

步骤20   角色的跑步动画制作完毕，还需要为小辫子制作动画。角色在跑步时，辫子也要动起来，方法是双击进入头部元件，选择图8-2-25中的两条辫子，单击鼠标右键，在快捷菜单中选择"分散到图层"，将两条辫子分成两个独立的图层，同时分别将两条辫子转换成元件，并在第25帧处插入帧，如图8-2-26所示。

图8-2-25   图8-2-26

步骤21 在两条辫子的图层的第7帧、第13帧、第19帧、第25帧处插入关键帧，并将第1帧、第13帧、第25帧的辫子调整到如图8-2-27所示的位置；将第7帧、第19帧的辫子调整到如图8-2-28所示的位置；多选两个辫子图层的帧，点击鼠标右键"创建传统补间"，时间轴如图8-2-29所示，此时拉动播放头，元件里的辫子动画已经成功，单击"场景1"返回场景1。

| 图8-2-27 | 图8-2-28 | 图8-2-29 |

步骤22 在"场景1"里拉动时间轴上的播放头，舞台里的辫子不符合元件里的动画效果，而上一步骤中是符合动画效果的，这是因为图形元件还受舞台里元件属性面板中的"循环"控制。将播放头移动到第1帧处，单击选择头部元件，在此元件的"属性面板>循环>帧选择器"中选择第"1"帧；将播放头移动到第7帧处，在属性面板的帧选择器中选择第"7"帧；依此类推，第13帧处的帧选择器选择第"13"帧，第19帧处的帧选择器选择第"19"帧，第25帧处的帧选择器选择第"25"帧，如图8-2-30所示。此时预览动画，角色的辫子动画符合跑步的动画效果。

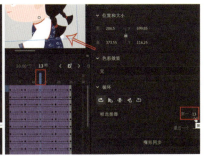

图8-2-30

步骤23 在时间轴上，选择如图8-2-31所示的全部图层，单击鼠标右键，在快捷菜单上选择"将图层转换为元件"，此时角色的多个图层变为一个图层，再在时间轴上单击如图8-2-32所示的"新建图层"按钮新建一个图层，并将图层重命名为"背景"。

步骤24 打开背景素材文档，选中背景素材并单击鼠标右键，在快捷菜单中选择"复制"，再切换到此文档里，"粘贴"在背景图层上，如图8-2-33所示。

步骤25 当前两个图层的帧持续在第25帧处，需要在第100帧处，对两个图层"插入帧"，将帧延长到100帧，在角色图层的第100帧处插入关键帧，将播放头移动到第1帧处，将角色移动到如图8-2-34所示的画框外。

图8-2-31

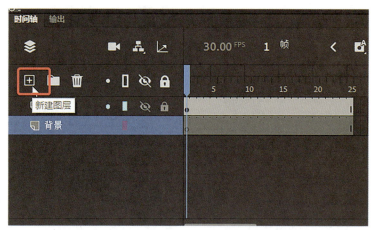

图8-2-32

图8-2-33

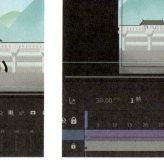

图8-2-34

步骤26 将播放头移动到第101帧处，将角色移动到如图8-2-35所示的画框外，拉动播放头预览动画，角色的跑步动画制作完毕。

步骤27 角色跑步比较轻飘，是因为没有投影。再新建图层，重命名为"投影"，使用"椭圆工具"在此图层上绘制一个投影，如图8-2-36所示。

图8-2-35

图8-2-36

步骤28　投影已经制作完成，要使它跟随角色运动，可以在时间轴上开启"显示父级视图"，按图8-2-37的方式拖曳，即做好了投影与角色的父子关系，拉动播放头，投影能跟随角色运动。

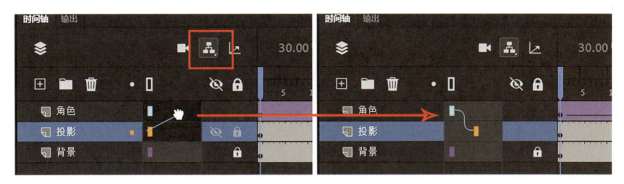

图8-2-37

步骤29　单击菜单"控制＞测试"预览动画，动画效果如图8-2-38所示。单击菜单"文件＞另存为"，保存文件"角色跑步完成.fla"，完成动画。

图8-2-38

本章小结

　　本章介绍在Animate CC软件里制作角色动画的方法，其中以案例的形式介绍了侧面行走动画、侧面跑步动画，使用的是元件＋补间动画的制作方法，这样制作的优点是元件只绘制一次，然后通过调整元件的位置、旋转、变形、补间等方法，节约制作时间。当然，制作过程中会有"穿帮"的情况需要进行修改，但是总体来讲节省了时间成本。

　　在角色动画里，除了要熟练掌握软件的使用方法，也要掌握动画运动规律知识，掌握各种角色行走、跑、跳等运动的特征，将其运用到动画制作中，这样制作出来的动画质量才能更好，也是最重要的。

课后作业

　　根据图中形象，绘制出此角色的转面图（正面、半侧面、侧面、侧背面、背面），制作出角色的360°转面效果。

第九章
MG 动画

专项训练与实践——MG动画

教学内容：

1. MG动画概述。

2. 实训案例：MG入场动画制作。

建议课时： 6课时。

教学目的： 让学生了解MG动画的特点；能够使用Animate CC制作出流畅、活泼、幽默的完整商业动画案例，系统地梳理商业动画制作流程和方法，并能够举一反三制作出其他MG动画、二维动画；有较好的职业素养，满足商业动画的制作要求。

教学方式： 讲授法、直观演示法。

学习目标：

1. 了解MG动画的特点。

2. 掌握流畅与弹性效果的制作技巧。

3. 熟练掌握工具、图层、元件的使用方法。

第一节　MG动画概述

"MG动画"的英文全称为"Motion Graphics Animation"，中文意思为动态图形或者图形动画。MG动画在当今自媒体、电视媒体、网络领域中随处可见，多数造型是扁平化的，画风简洁、动画灵动，配音幽默搞笑、传播形式开放，相比静态文字、静态图像、静态图形等表达方式更具优势。

MG动画与传统动画最大的区别是，传统动画通过塑造角色来演绎一段故事，一般情况下，MG动画则通过将图形、文字等静态元素"动画化"处理，从而达到感官更佳的传递信息效果。虽然MG动画里也会经常出现人物，但MG动画里的人物并不是动画要表达的重点，而只是为更好地传递信息服务的一个元素、图形。

大多数人感觉MG动画是近几年才兴起的，其实早在1960年，美国著名动画师约翰·惠特尼（John Whitney）便创立了一家名为Motion Graphics的公司，首次使用专业术语"Motion Graphics"，并使用机械模拟计算机技术制作电影、电视片头及广告。早期MG动画被用在电影的片头或者片尾，后来片方觉得这些片头片尾有些单调，就给字幕加些移动的动画，到后来加上图形和文字，就形成MG的片头了。再到后来，有人用这种方式来传递一个信息、介绍一个知识，加上自媒体的普及，人们纷纷将这种动画模式搬到手机上，MG动画就这样流行开来。

当代的MG动画有着自己独特的表现形式：故事大多是一些科普类知识，当然近年在内容上有扩展趋势，动画表现形式上有加速的回弹、缓动的流畅的效果，多是扁平化的简洁画风和幽默搞笑的配音风格。动画制作一般是用After effects或Animate软件来完成，特别是近年来还有用它的模板类软件来制作的，更降低了MG动画制作的门槛。

一部完整的MG动画制作流程其实和传统动画制作相差不大，只是省略了"原画、场景、角色造型、场景设计"等步骤，而保留了"文案脚本、美术设定、分镜脚本、动画制作、配音剪辑"这几个步骤，从而节省了时间成本和降低了入门的门槛，所以普及性更高、流行更广。

第二节　实训案例：MG入场动画制作

一　场景批量入场动画

MG动画素材的入场有自己独特的方式，如弹簧、流畅、缓动、批量、依次等特点，可以使用特定的方法提高制作效率。下面的案例是一个场景的批量入场，可以通过批量插入帧、批量创建传统补间、批量调整缓动等方式，提高制作效率，图9-2-1是最终的效果。

扫码见视频教程

步骤1　单击菜单"文件＞打开"，在素材源文件目录文件夹，打开文件"背景素材.fla"。舞台里已经摆好了场景素材，并且每个素材都已经转化为了元件，可以打开"库"面板查看元件。在Animate CC

2023中，文档默认的FPS为30，为了制作方便，将帧速率修改为如图9-2-2所示的"24"，24 FPS是传统的动画制作帧速率，比较方便一些。

步骤2　时间轴上有一个图层，图层上有8个元件，分别是天空、红旗、白云、山、房屋、护栏等元件。制作背景动画，框选图9-2-3舞台上的8个元件，点击鼠标右键，在快捷菜单上选择"分散到图层"命令，图层由原来的1个图层变成8个图层，图层会自动以图层上元件的名字来命名，并与库里元件的名字——对应，如图9-2-4所示。

图9-2-1

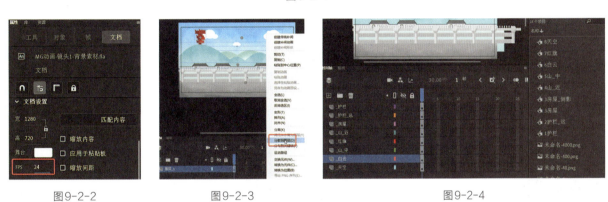

图9-2-2　　　　　　　图9-2-3　　　　　　　　　　　图9-2-4

步骤3　在如图9-2-5所示的第8帧、第13帧、第18帧处分别插入关键帧，并选中所有帧，点击鼠标右键，在快捷菜单中选择"创建传统补间"命令，图层变化为如图9-2-6所示。

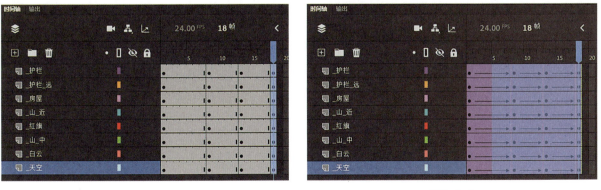

图9-2-5　　　　　　　　　　　　　　　图9-2-6

步骤4　将播放头移动到第1帧处，用"选择工具"在舞台中框选如图9-2-7所示的天空、白云、红旗、山的元件，将这几个元件移到如图9-2-8所示的画框上方；再框选图9-2-9中舞台下方的护栏、房屋，将其拉到画框的下方，此时拉动播放头，白云和山从画框的上方落入舞台，围墙与房屋从画框的下方进入舞台。

步骤5　此时的动画已经产生，动画比较阻滞，没有MG动画的素材入场的"弹簧"效果，所以需要

图9-2-7   图9-2-8   图9-2-9

继续调整：将播放头移动到第2个关键帧处，用"选择工具"继续框选舞台中的天空、白云、红旗、山的元件，按键盘的向下光标键，往下移动8个像素；继续框选舞台中的护栏、房屋元件，按键盘的向上光标键，往上移动8个像素，如图9-2-10所示。

步骤6 将播放头移动到第3个关键帧处，用"选择工具"框选舞台中的天空、白云、红旗、山的元件，按键盘的向上光标键，往上移动4个像素；继续框选舞台中的护栏、房屋元件，按键盘的向下光标键，往下移动4个像素，如图9-2-11所示。

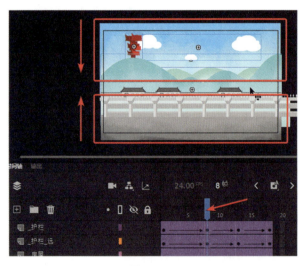

图9-2-10   图9-2-11

步骤7 MG动画的素材入场效果已经完成，但还缺少一点"丝滑"的效果，需要继续添加缓动才能达到效果，多选所有图层的帧，在帧的属性面板修改缓动属性，如图9-2-12所示，双击"Quart"应用此缓动属性。这个曲线的含义是调整两个关键帧间的变速，形成两个关键帧中间快、起始与结束越来越慢的变速效果。

步骤8 拉动播放头，素材入场的MG风格的"丝滑"效果已经有了，但还需要修改每个素材入场的时间，使其动画效果更有次序与阶梯性：选中除最下方图层的所有图层的第1个关键帧直到最后一个关键帧，点击鼠标左键不放，选择如图9-2-13所示的帧，往后拉动两帧，这样就把补间往后移动了两帧，前面两帧是空白帧，如图9-2-14所示。

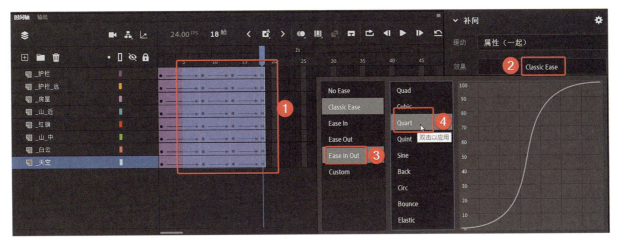

图9-2-12

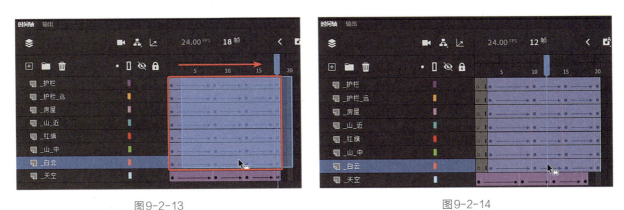

图9-2-13　　　　　　　　　　　　　　　　图9-2-14

步骤9　用同样的方法，选中上面的图层上的帧，依次往后拖动两帧，得到如图9-2-15所示的效果。拉动播放头预览动画，素材依次入场后很快消失，是因为后面没有延续的帧，故在后面插入帧。

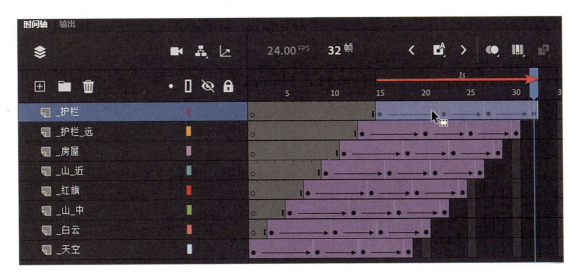

图9-2 15

步骤10　选中第80帧处的一列帧，点击鼠标右键，选择"插入帧"选项，此时帧上有虚线的补间，表示是没有完成的补间，这里的延长帧不需要补间，需要删除，选中一列虚线补间，单击鼠标右键，在快捷菜单中选择"删除经典补间动画"，时间轴得到如图9-2-16所示的效果。

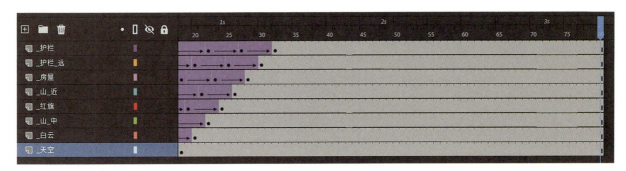

图9-2-16

步骤11 单击菜单"控制＞测试"预览动画，一组素材分别逐一入场，且带有弹簧、流畅效果的动画制作完毕。单击菜单"文件＞另存为"，保存文件"背景完成.fla"。

二 角色入场动画

在本节第一部分制作了场景的入场动画，体验到了弹簧、丝滑的MG动画魅力，场景的入画在MG动画里只是陪衬作用，MG动画同样也离不开角色。这一部分将学习角色入场的方法，效果如图9-2-17所示。

扫码见视频教程

图9-2-17

1. 小丽角色入场动画

步骤1 单击菜单"文件＞打开"，在素材源文件目录文件夹，打开文件"背景完成.fla"，背景素材的舞台里已经分图层制作好了入场动画，时间轴上有很多场景图层，若要在场景里加两个角色的入场动画，需要将多个背景层修改为一个图层，方法是同时选择如图9-2-18所示的图层，再单击鼠标右键，在快捷菜单中选择"将图层转换为元件"命令，元件名称命名为"背景"，类型为"图形"，将多个图层转换为一个图层，这个图层只有一个元件，拖动播放头，场景入场动画播放正常，如图9-2-19所示。

步骤2　单击菜单"文件>打开"，在素材源文件目录文件夹，打开文件"两个角色素材.fla"，用"选择工具"框选图9-2-20舞台中男生的所有元件，单击鼠标右键，在快捷菜单中选择"转换为元件"，元件名称为"小扬"，类型为"图形"元件。用同样的方法，将女生的所有元件转换为"小丽"，得到如图9-2-21所示的效果。

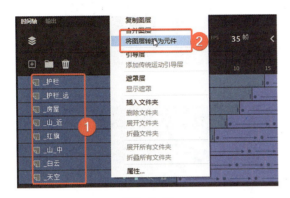

图9-2-18　　　　　　　　　图9-2-19　　　　　　　　　图9-2-20

步骤3　将"小丽""小扬"这两个元件复制后，切换回背景文档，新建图层，在舞台上单击鼠标右键，在快捷菜单中选择"粘贴到当前位置"，如图9-2-22所示。

步骤4　框选如图9-2-23所示舞台里的两个角色，不要选中背景，点击鼠标右键，在快捷菜单中选择"分散到图层"，图层由原来的1个图层变成了2个图层，图层自动以元件的名字来命名，分别是"小丽""小扬"，如图9-2-24所示。

图9-2-21　　　　　　　　　图9-2-22　　　　　　　　　图9-2-23

步骤5　选择"任意变形工具"，调整两个角色元件与舞台的大小比例，调整到如图9-2-25所示的大小。

步骤6　要制作小丽的入场动画，可以将动画做在角色元件的里面，双击小丽的角色元件，进入此元件的编辑状态。经查看，角色元件的每一个肢体部分都是一个独立的元件，如头、手、上身等。用"选择工具"框选图9-2-26中的元件，单击鼠标右键，在快捷菜单中选择"分散到图层"命令，得到每一个肢体元件一个图层，并且图层以元件的名称命名，如图9-2-27所示。

步骤7　在第7帧、第12帧、第17帧处分别插入关键帧，如图9-2-28所示；多选所有帧，点击鼠标右键，在快捷菜单中选择"创建传统补间"命令，如图9-2-29所示。

图9-2-24

图9-2-25

图9-2-26

图9-2-27

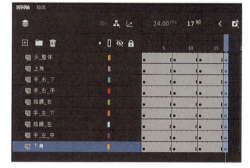

图9-2-28

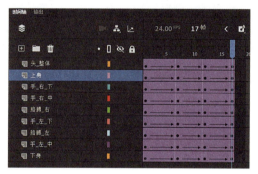

图9-2-29

步骤8 将播放头移动到第1帧处，用"选择工具"在舞台中框选所有关于角色的肢体元件，将选中的元件移到画框的下方，如图9-2-30所示；此时拉动播放头，角色"小丽"从画框的下方进入舞台的动画完成。

步骤9 继续为小丽添加弹性动画效果。将播放头移动到第2个关键帧处，选择"任意变形工具"框选"小丽"的全部元件，按住键盘的Alt键不放，将鼠标移动到图9-2-31中的位置，向上拉动，使"小丽"向上变形，变长一些。按住Alt键的作用，是从脚的底部作为变形的起点，而不是从轴心点作为变形的起点。将播放头移动到第3个关键帧处，继续用相同的方法，将角色元件往下挤压变形，如图9-2-32所示。

图9-2-30

图9-2-31

图9-2-32

步骤10　多选所有图层的帧，在帧的属性面板修改缓动属性，双击"Quart"应用此缓动属性，如图9-2-33所示。拉动播放头预览动画，小丽的入场动画制作完毕，可以在后面插入一些帧，使动画入场后能够延续一段时间。这里先在第80帧处插入帧，然后把后面自动添加的没有完成的传统补间删除，得到如图9-2-34所示的效果，以后可根据需要再添加，此时，"小丽"出场后将在画面里停留一段时间。退出"小丽"元件的组编辑状态回到场景1，预览动画，"小丽"的入场动画制作完毕。

图9-2-33

图9-2-34

2. 小扬角色入场动画

"小丽"角色的入场动画已经制作完毕，"小丽"俏皮地进入舞台，那"小丽"的搭档"小扬"的动画入场方式就简单了，也可以采取相同的动画方法。

步骤1　双击"小扬"的角色元件，进入此元件的编辑状态。经查看，"小扬"角色元件和前面做的"小丽"的元件结构一样，每一个肢体部分都是一个独立的元件。用上述制作"小丽"元件动画的方法，用"选择工具"框选这些元件，单击鼠标右键，在快捷菜单中选择"分散到图层"命令，将每个元件分成一个图层，如图9-2-35所示。

步骤2　在第7帧、第12帧、第17帧处分别插入关键帧，并选中所有帧，点击鼠标右键，在快捷菜单中选择"创建传统补间"命令，如图9-2-36所示。

步骤3　将播放头移动到第1帧处，用"选择工具"在舞台中框选所有小扬角色的肢体元件，将选中的元件移到画框的下方，制作出"小扬"从下方到舞台的入场动画，如图9-2-37所示。

步骤4　用前面给"小丽"添加弹性动画的方法给"小扬"角色制作弹性动画效果，方法还是一样。将播放头移动到第2个关键帧处，选择"任意变形工具"框选"小扬"的全部元件，按住键盘的Alt键不放，参照图9-2-38的位置，向上拉动，使"小扬"向上变形，变长一些。

步骤5　将播放头移动到第3个关键帧处，用相同的方法将角色元件往下挤压变形，如图9-2-39所示。

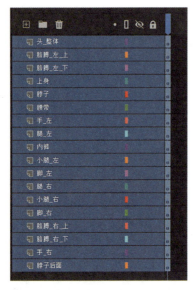
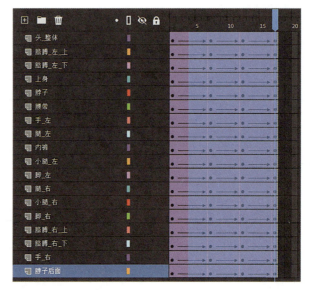

图9-2-35　　　　　　　　　　　　　图9-2-36

图9-2-37　　　　　　　　图9-2-38　　　　　　　　图9-2-39

步骤6　多选所有图层的帧，在帧的属性面板修改缓动属性，双击"Quart"应用此缓动属性，如图9-2-40所示。

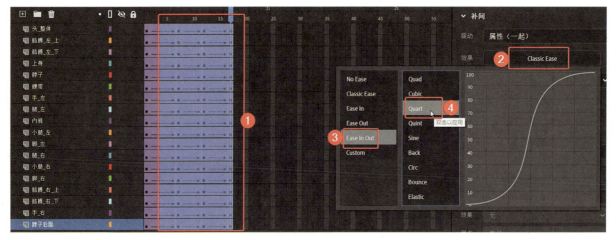

图9-2-40

步骤7　拉动播放头预览动画，"小扬"的入场动画制作完毕。和制作"小丽"元件一样，可以在后面的第80帧处插入帧。退出"小扬"元件的组编辑状态回到场景1，预览动画，"小扬"元件的入场动画制作完毕。

3. 修改"小丽"与"小扬"角色入场时间

制作好了"小丽"与"小扬"元件入场动画，预览动画发现，"小丽""小扬"和背景同时入场，不符合MG动画阶梯式的动画效果，还要继续添加阶梯式入场效果。

步骤1　在舞台里，在"小丽"图层上，用"选择工具"选中第1个关键帧点击不放，如图9-2-41所示往后拖动到第20帧处，这样就修改了"小丽"元件的起始时间是从第20帧开始入场，目的是要等背景动画完整出现后"小丽"再入场。

步骤2　用相同的方法，在"小扬"图层上将"小扬"的第1帧的关键帧拖到第25帧处，如图9-2-42所示。这样修改后，就是场景先入场，然后是"小丽"入场，最后"小扬"入场。预览动画，"小丽"与"小扬"按先后次序入场修改完毕。

图9-2-41　　　　　　　　　　　　　　　图9-2-42

步骤3　单击菜单"控制>测试"预览动画，单击菜单"文件>另存为"，保存文件"角色入场动画完成.fla"，完成全部效果。

三　文字入场动画

步骤1　在时间轴上新建一个图层，对图层重命名为"小丽说健康"，在第50帧处插入空白关键帧，如图9-2-43所示。

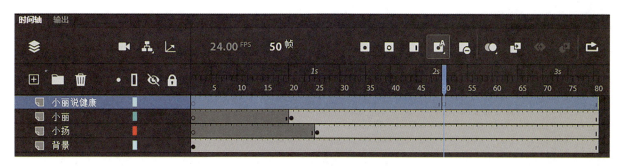

图9-2-43

步骤2　将播放头移动到第50帧的空白关键帧处，选择"文本工具"，在舞台上输入"小丽说健康"，调整出一个醒目的字体，这里选择的是"思源黑体"（如果电脑没有这个字体，也可以使用其他较粗、较醒目的字体），样式为Heavy，字号大小120pt，字间距为30左右，颜色为白色，如图9-2-44所示。

图9-2-44

步骤3 选中"小丽说健康"的文字，单击鼠标右键，在快捷菜单中选择"转换为元件"，元件名称为"小丽说健康"，类型为"图形"元件，如图9-2-45所示；双击文字进入此元件的编辑状态，点击图9-2-46中的文字，单击鼠标右键，在快捷菜单中选择"分离"命令，执行分离命令两次，把文字打散成如图9-2-47所示的形状。

图9-2-45

图9-2-46

图9-2-47

步骤4 在"图层_1"上单击鼠标右键，选择"复制图层"，得到两个一样的文字图层，图层名称会自动命名为"图层_1_复制"。

步骤5 将下图层暂时锁住，框选上图层的文字，将上图层的文字颜色改为黄色，如图9-2-48；然后将上图层锁住，并隐藏上图层，解锁下图层，选择"墨水瓶工具"，颜色为黑色，粗细为"1"，将下图层文字描边，如图9-2-49所示。

图9-2-48

图9-2-49

步骤6　用"选择工具"框选下图层的文字（图9-2-50），将属性面板的颜色改为白色，笔触大小改为"10"左右（图9-2-51），得到一个通过描边加粗的文字。

图9-2-50

图9-2-51

步骤7　取消上图层的隐藏图层按钮，上图层是黄色，下图层是一个加粗且描白边的文字，两个图层文字叠加在一起，就得到如图9-2-52所示的文字效果。

步骤8　制作文字的光感。将下图层锁住、上图层解锁，使用线条工具画黑线，然后使用"颜料桶工具"添加颜色，如图9-2-53所示。

步骤9　填充完毕，双击如图9-2-54所示的黑色线，选中黑线，按Delete键删除黑色线，文字图层制作完毕，退出此元件的编辑模式，返回场景1。在第58帧、第63帧、第68帧处分别插入关键帧，并选中所有帧，点击鼠标右键，在快捷菜单中选择"创建传统补间"命令，如图9-2-55所示。

步骤10　将播放头移动到第50帧处，将"小丽说健康"的元件移出画框外，如图9-2-56所示；再将播放头移动到第58帧处，将"小丽说健康"的元件往下移动，位置参考图9-2-57。

图9-2-52 图9-2-53

图9-2-54 图9-2-55

图9-2-56 图9-2-57

步骤 11　将播放头移动到第 63 帧处，将"小丽说健康"的元件往上移动大约 4 个像素，如图 9-2-58 所示；再选择这段补间，在属性面板为其添加缓动效果，设置如图 9-2-59 所示。

图 9-2-58

图 9-2-59

步骤 12　拉动播放头，预览文字这段动画，文字从上方进入舞台并回弹的画面效果制作完毕。单击菜单"控制 > 测试"预览动画，效果如图 9-2-60 所示；单击菜单"文件 > 另存为"，保存文件"文字入场完成 .fla"。

图 9-2-60

本章小结

本章介绍了MG动画的出场方法、动画风格的表现方法、缓动设置方法、文字动画制作方法等。上述手法结合了工作中的实际案例，属于商业动画，实用性强、技术前沿，目前这种手法比较流行，在各大互联网上使用广泛。

本章的MG动画绘制、动画、合成都是在 Animate CC 软件里完成的，它有着很强大的动画预设功能，同样的动画效果，只需要制作一次，可以更换不同的图形，也可以借助 Photoshop、Illustrator软件绘制图形。

课后作业

根据本章案例，继续制作后面的镜头，内容可以是正能量的故事，也可以融入多种元素，使动画更有故事性、趣味性、思想性。